U0396518

微　积　分

（下册　第二版）

主　编　林举翰　杨荣领

副主编　詹涌强　陈妙玲　杨春侠

黄业文　黄　婷　李　菁

冯　兰　吴丽镐　卢　珍

华南理工大学出版社

SOUTH CHINA UNIVERSITY OF TECHNOLOGY PRESS

·广州·

图书在版编目(CIP)数据

微积分. 下册/林举翰, 杨荣领主编. —2 版. —广州: 华南理工大学出版社, 2017.1(2019.1 重印)

ISBN 978-7-5623-5166-5

Ⅰ. ①微… Ⅱ. ①林… ②杨… Ⅲ. ①微积分-高等学校-教材 Ⅳ. ①O172

中国版本图书馆 CIP 数据核字(2017)第 009485 号

微积分(下册 第二版)

林举翰 杨荣领 主编

出 版 人: 卢家明

出版发行: 华南理工大学出版社

(广州五山华南理工大学 17 号楼, 邮编 510640)

http://www.scutpress.com.cn E-mail: scutc13@scut.edu.cn

营销部电话: 020-87113487 87111048 (传真)

策划编辑: 欧建岸 乔 丽

责任编辑: 欧建岸

印 刷 者: 虎彩印艺股份有限公司

开 本: 787mm×960mm 1/16 **印张**: 12.75 **字数**: 227 千

版 次: 2017 年 1 月第 2 版 2019 年 1 月第 3 次印刷

印 数: 8 001～10 000 册

定 价: 27.50 元

前　言

本《微积分》(下册)教材内容包括定积分及其应用、微分方程、多元函数微积分、无穷级数等．本教材适用于独立学院经济类与管理类专业本科学生，为学生学习各类专业后续课程或今后工作中更新数学知识、学习现代数学方法奠定良好的基础．

本教材参照教育部数学与统计学教学指导委员会重新修订的全国“工科类本科数学基础课程教学基本要求”，根据经管类培养应用型、创新型人才的需要，结合我们最近十多年的教学实践经验和教训，在对教案进行研讨、整理完善的基础上编写而成．其特点是：

1. 本教材在讨论微积分的研究对象——函数的过程中，概括给出学习微积分常用的初等数学知识，以加强中学数学与大学数学的衔接，增强入学新生学习微积分的热情和信心．

2. 本教材以微积分从诞生到严密化的发展进程为主线，系统介绍了微积分的基本概念、基本理论和基本运算方法及微积分在经管类专业的应用．一般来说，研究型人才应具有较扎实的数学理论基础，而应用型人才应掌握必学内容的数学思想和数学方法．本教材尽可能从实践经验与直观背景出发，提出数学问题，以便于学生了解数学知识的来由和发展，使学生通过多思考、多讨论、多练习和多总结获得提高应用数学思想方法分析和解决实际问题的能力．与此同时，本教材通过精选实例，使学生逐步学会逻辑推理方法，学习严格、严密和精确的数学科学特有的精神．例如，通过学习极限的思想、定积分的元素法、无穷级数敛散概念等，经过逻辑推理让学生知道，它们是互相联系的，且这种联系是必然的．

3. 本教材每节配有习题，每章配有复习题，并配有期中测验和期末测验．习题中不仅有常规的用来检查“学”“思”“练”是否到位的习题，也包括一些要求有某种程度独立见解、有能动性和创造性的习题．

全书分为上、下两册，共 8 章．课时拟定为 96 学时，课内与课外及作业时数比为 1:2 左右．

全书由林举翰、杨荣领主编，负责全书统稿、定稿．参加编写的人员有：第一、五章，杨荣领、冯兰；第二、六章，黄婷、李菁、卢珍；第三、八章，詹涌强、黄业文；第四、七章，杨春侠、陈妙玲、吴丽镐．

华南理工大学广州学院领导非常关心和支持学校教材建设，多次派出数学教师参加本省的数学教学经验交流会和全国的大学数学课程报告论坛学习．在本书编写过程中，数学/信息与计算机科学教研室的领导提出了许多宝贵意见，华南理工大学出版社为本书的出版付出了辛勤的劳动．在此，我们表示诚挚的谢意．

由于编者水平有限，书中难免存在不妥之处，恳请读者批评指正．

编　者

2016 年 10 月

目　录

第五章　定积分及其应用

积分学包括不定积分和定积分及其应用．上册第四章介绍了不定积分．不定积分是求导数(或微分)运算的逆运算．这里介绍定积分，它是一种特殊的和式极限．

本章先从实际问题入手建立定积分的概念，再揭示定积分与不定积分的联系，最后讨论定积分的计算与其应用问题．

第一节　定积分的概念与性质

一、引例

1. 求曲边梯形的面积

先看一个特例：

例 1　求曲线 $y=x^2$、直线 $x=1$ 和 x 轴所围成的曲边三角形 OAB 的面积 A，如图 5－1 所示．

我们知道，对于某些规则的平面图形，如矩形、梯形等，求其面积有公式可用．但对于一些曲边或不规则的平面图形，要求其面积时，在初等数学中没有理想的面积公式可用，于是只好将曲边或不规则的平面图形分割成规则的图形，实际上是把整体分成了许多局部．就整体来说，其周边是曲的或不规则的，但就其局部来说，小段曲线或不规则的部分可以近似地“以直代曲”，再把这些局部图形加起来就近似地得到整体．分割得越细，所得的近似值就越精确．

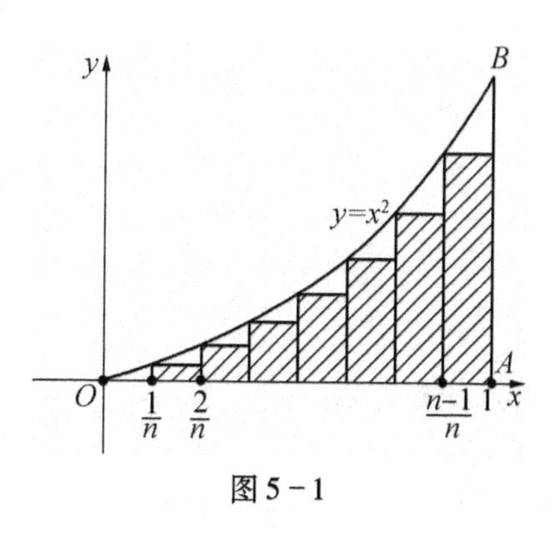

图 5－1

现在按上述思路用

$$矩形面积=高\times底$$

的公式来解决求曲边三角形的面积问题．如图 5－1 所示，先把曲边三角形 OAB 分成 n 个窄曲边梯形，而每一个窄曲边梯形的面积可以用一个窄矩形的面积来近似代替．注意到每个窄矩形与窄曲边梯形有相同的底，但每个窄矩形的高是不同的，这时可以取每个窄曲边梯形底边的左端点处的高作为窄矩形的高，整个曲边三角形的面积就可以用窄矩形面积之和，即阶梯形的面积来近似代替．

具体地说，就是将区间[0，1]分为 n 个相等的小段，其横坐标分别为

$$0,\frac{1}{n},\frac{2}{n},\cdots,\frac{n-1}{n},1$$

每一小段的长为$\frac{1}{n}$，而高分别为

$$0,\left(\frac{1}{n}\right)^2,\left(\frac{2}{n}\right)^2,\cdots,\left(\frac{n-1}{n}\right)^2$$

得到 n 个窄矩形，其面积的总和(图 5－1 的阴影部分)A_n 为

$$\begin{aligned}A_n &= 0\cdot\frac{1}{n}+\left(\frac{1}{n}\right)^2\cdot\frac{1}{n}+\left(\frac{2}{n}\right)^2\cdot\frac{1}{n}+\cdots+\left(\frac{n-1}{n}\right)^2\cdot\frac{1}{n}\\ &= \frac{1^2+2^2+\cdots+(n-1)^2}{n^3}\\ &= \frac{1}{n^3}\cdot\frac{(n-1)n(2n-1)}{6}\ ①\\ &= \frac{1}{3}-\frac{1}{2n}+\frac{1}{6n^2}\end{aligned}$$

①注：

利用恒等式

$$(n+1)^3 = n^3+3n^2+3n+1$$

得

$$\begin{cases}(n+1)^3-n^3 = 3n^2+3n+1\\ n^3-(n-1)^3 = 3(n-1)^2+3(n-1)+1\\ \quad\vdots\\ 3^3-2^3 = 3\cdot 2^2+3\cdot 2+1\\ 2^3-1^3 = 3\cdot 1^2+3\cdot 1+1\end{cases}$$

把这 n 个等式两端分别相加，得

$$(n+1)^3-1 = 3(1^2+2^2+\cdots+n^2)+3(1+2+\cdots+n)+n$$

由于$1+2+\cdots+n=\frac{1}{2}n(n+1)$，代入上式得

$$n^3+3n^2+3n = 3(1^2+2^2+\cdots+n^2)+\frac{3}{2}n(n+1)+n$$

整理后得

$$1^2+2^2+\cdots+n^2 = \frac{1}{6}n(n+1)(2n+1)$$

A_n 是曲边三角形 OAB 面积的近似值．当 n 越大，相应地近似值越接近精确值．若要求出精确值，应让 $n\to\infty$ 取极限，得所求面积 A 为

$$A=\lim_{n\to\infty}A_n=\lim_{n\to\infty}\left(\frac{1}{3}-\frac{1}{2n}+\frac{1}{6n^2}\right)=\frac{1}{3}$$

例 2　求由连续曲线 $y=f(x)$，$f(x)\geqslant 0$，x 轴及直线 $x=a$，$x=b$ 所围成的曲边梯形的面积 A.

按例 1 的思路，把解决这个问题用数学语言表述为以下四个步骤：

①分割．将区间 $[a,\ b]$ 任意分成 n 个小区间，设分点为

$$a=x_0<x_1<x_2<\cdots<x_{n-1}<x_n=b$$

每个小区间的长度为

$$\Delta x_i=x_i-x_{i-1}\quad(i=1,2,\cdots,n)$$

它们不一定相等．过每个分点作平行于 y 轴的直线把原来的曲边梯形分成 n 个窄曲边梯形(图 5－2)，它们的面积分别记为 $\Delta A_1,\Delta A_2,\cdots,\Delta A_n$.

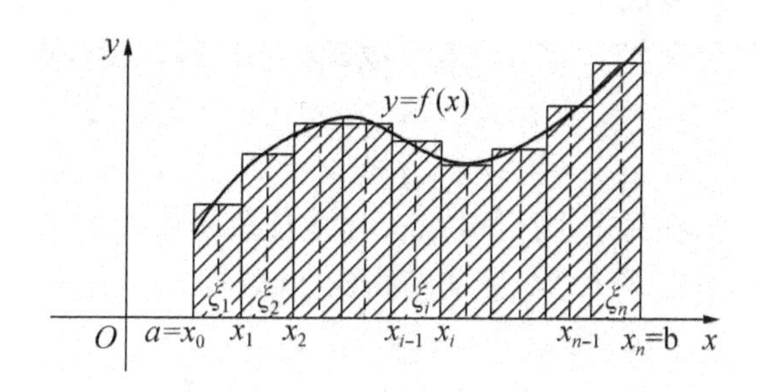

图 5－2

②近似代替．在每个小区间 $[x_{i-1},x_i]$ 上任取一点 $\xi_i(i=1,2,\cdots,n)$，用矩形面积 $f(\xi_i)\Delta x_i$ 近似代替第 i 个窄曲边梯形面积 ΔA_i，即

$$\Delta A_i\approx f(\xi_i)\Delta x_i\quad(i=1,2,\cdots,n)$$

③求和．将 n 个窄矩形的面积加起来，得到该曲边梯形面积 A 的一个近似值

$$A=\sum_{i=1}^{n}\Delta A_i\approx\sum_{i=1}^{n}f(\xi_i)\Delta x_i$$

④取极限．显然，上面的和式 $\sum\limits_{i=1}^{n}f(\xi_i)\Delta x_i$ 与区间 $[a,\ b]$ 的分割方法及 ξ_i 的取法有关，但是只要分得越细，所得的近似值就越接近于精确的面积 A. 如果用 λ 表示分割的小区间中长度最大者，即 $\lambda=\max\{\Delta x_1,$

Δx_2, $\cdots$, $\Delta x_n\}$，则当 $\lambda \to 0$ 时（这时分段数 n 无限增多，即 $n \to \infty$），近似值就转化为精确值 A，即

$$A = \lim_{\lambda \to 0} \sum_{i=1}^{n} f(\xi_i)\Delta x_i$$

2. 求变速直线运动的路程

例3 设某物体做变速直线运动，已知速度 $v(t)$ 是时间 t 的连续函数，且 $v(t) \geqslant 0$，求它在时间间隔 $[T_0, T_1]$ 上所经过的路程 s.

如果物体做匀速直线运动，有公式

$$路程 = 速度 \times 时间$$

现在速度是变量，不能直接套用公式．但因速度 $v(t)$ 是连续变化的，在一段很短的时间内，可以近似地看作不变．因此，如果把时间间隔分成很小的时段，在每个小时段内速度以“不变代变”，求得物体运动路程的近似值．最后，通过对时间间隔无限细分的极限过程求得变速直线运动的路程的精确值．具体步骤如下：

①分割．将区间 $[T_0, T_1]$ 任意分成 n 个小区间，设分点为

$$T_0 = t_0 < t_1 < t_2 < \cdots < t_{n-1} < t_n = T_1$$

$$\Delta t_i = t_i - t_{i-1} \quad (i = 1, 2, \cdots, n)$$

②近似代替．在每个小区间 $[t_{i-1}, t_i]$ 上任取一点 $\tau_i (i = 1, 2, \cdots, n)$，用乘积 $v(\tau_i)\Delta t_i$ 近似代替第 i 个小区间的路程 Δs_i，即

$$\Delta s_i \approx v(\tau_i)\Delta t_i$$

③求和．所有小区间上的近似路程之和近似等于路程 s，即

$$s \approx \sum_{i=1}^{n} v(\tau_i)\Delta t_i$$

④取极限．将 $[T_0, T_1]$ 无限细分，即令 $\lambda = \max\{\Delta t_1, \Delta t_2, \cdots, \Delta t_n\}$，$\lambda \to 0$，则得路程的精确值

$$s = \lim_{\lambda \to 0} \sum_{i=1}^{n} v(\tau_i)\Delta t_i$$

二、定积分的定义

上面引例，前两个是几何问题，最后一个是物理问题，实际背景完全不同，但它们都取决于一个函数及其自变量的变化区间，即曲边梯形的高 $y = f(x)$ 及其底边上的点的变化区间 $[a, b]$，如直线运动的速度 $v = v(t)$ 及时间 t 的变化区间 $[T_0, T_1]$，并且解决问题的方法都是按照“分割、近似代

替、求和、取极限”的步骤求一个特殊的和式极限．

在自然科学和工程技术中，许多实际问题都可归结为这种极限．抛开这些问题的具体意义，抓住它们在数量关系上的共同本质与特性加以概括，可以抽象出定积分的定义：

定义 1 设函数$f(x)$在闭区间$[a, b]$上有界，用分点

$$a = x_0 < x_1 < x_2 < \cdots < x_{n-1} < x_n = b$$

将区间$[a, b]$任意分成 n 个小区间$[x_{i-1}, x_i]$ $(i=1, 2, \cdots, n)$，每个小区间的长度为

$$\Delta x_i = x_i - x_{i-1} \quad (i = 1,2,\cdots,n)$$

在每个小区间$[x_{i-1}, x_i]$上任取一点ξ_i $(x_{i-1} \leqslant \xi_i \leqslant x_i)$，作和式

$$\sum_{i=1}^{n} f(\xi_i)\Delta x_i \tag{1-1}$$

记$\lambda = \max\{\Delta x_1, \Delta x_2, \cdots, \Delta x_n\}$，如果当$\lambda \to 0$时和式(1-1)的极限存在，且此极限值不依赖于对$[a, b]$的分法和点$\xi_i$的取法，则称函数$f(x)$在$[a, b]$上可积，并称此极限值为$f(x)$在$[a, b]$上的定积分，记作

$$\int_a^b f(x)\,\mathrm{d}x$$

即

$$\int_a^b f(x)\,\mathrm{d}x = \lim_{\lambda \to 0} \sum_{i=1}^{n} f(\xi_i)\Delta x_i \tag{1-2}$$

其中$f(x)$称为被积函数，$f(x)\,\mathrm{d}x$称为被积表达式，x称为积分变量，$[a, b]$称为积分区间，a称为积分下限，b称为积分上限．

根据定积分的定义，前面引例中，曲边梯形的面积 A 就是曲边函数 $y=f(x)$ $(f(x) \geqslant 0)$在区间$[a, b]$上的定积分，即

$$A = \int_a^b f(x)\,\mathrm{d}x$$

变速直线运动的路程 s 就是速度函数$v(t)$ $(v(t) \geqslant 0)$在时间间隔$[T_0, T_1]$上的定积分

$$s = \int_{T_0}^{T_1} v(t)\,\mathrm{d}t$$

定积分定义的几点说明：

(1) 定积分$\int_a^b f(x)\,\mathrm{d}x$表示一个数值，这个数值完全由被积函数$f(x)$和积分区间$[a, b]$确定，它与积分变量用什么字母表示无关，即

$$\int_a^b f(x)\,\mathrm{d}x = \int_a^b f(t)\,\mathrm{d}t = \int_a^b f(u)\,\mathrm{d}u$$

(2)在定积分的定义中，我们假设 $a<b$. 下面对于 $a>b$ 与 $a=b$ 的情形作如下规定：

当 $a>b$ 时，

$$\int_a^b f(x)\,\mathrm{d}x = -\int_b^a f(x)\,\mathrm{d}x$$

当 $a=b$ 时，

$$\int_a^b f(x)\,\mathrm{d}x = 0$$

这样规定以后，不论 $a<b$，$a>b$ 或 $a=b$，定积分 $\int_a^b f(x)\,\mathrm{d}x$ 都有定义.

(3)关于函数 $f(x)$ 在 $[a, b]$ 上满足什么条件才可积，这里不作深入讨论，只给出以下两个充分条件：

①设 $f(x)$ 在 $[a, b]$ 上连续，则 $f(x)$ 在 $[a, b]$ 上可积.

②设 $f(x)$ 在 $[a, b]$ 上有界，且只有有限个间断点，则 $f(x)$ 在 $[a, b]$ 上可积.

三、定积分的几何意义

(1)当 $f(x)\geqslant 0$ 且 $a<b$ 时，定积分 $\int_a^b f(x)\,\mathrm{d}x$ 在几何上表示由曲线 $y=f(x)$，直线 $x=a$，$x=b$ 与 x 轴所围成的曲边梯形的面积.

(2)当 $f(x)<0$ 时，曲边梯形位于 x 轴的下方. 由于 $\Delta x_i>0$，$f(\xi_i)<0$，和式中每项 $f(\xi_i)\Delta x_i<0$（$i=1, 2, \cdots, n$），该定积分的值就是负的，且等于 $-A$，即 $\int_a^b f(x)\,\mathrm{d}x=-A$. 这里 A 仍表示曲边梯形的面积(图5-3)，或者说，定积分 $\int_a^b f(x)\,\mathrm{d}x$ 等于曲边梯形面积的负值(注：我们通常认为面积是正数).

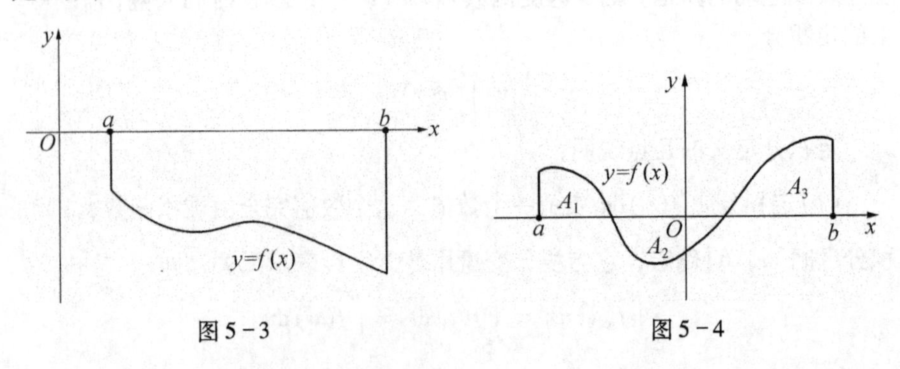

图5-3　　图5-4

(3)当$f(x)$在$[a,\ b]$上有正有负时，那么定积分所表示的应该是由曲线$y=f(x)$及直线$x=a$，$x=b$，与x轴所围成的各个部分的面积的代数和(图5-4)，即

$$\int_a^b f(x)\,\mathrm{d}x = A_1 - A_2 + A_3$$

其中A_1，A_2，A_3表示各部分的面积．

例4　利用定积分的几何意义求下列定积分的值：

(1) $\int_{-1}^{2} x\mathrm{d}x$；　　　　(2) $\int_{-a}^{a} \sqrt{a^2-x^2}\,\mathrm{d}x$.

解　(1)在区间$[-1,\ 2]$上作函数$y=x$的图形，它与直线$x=-1$，$x=2$及x轴围成两个三角形A_1与A_2(图5-5)，其面积分别为$A_1=\frac{1}{2}$，$A_2=2$. 由定积分的几何意义知

$$\int_{-1}^{2} x\mathrm{d}x = -A_1 + A_2 = -\frac{1}{2} + 2 = \frac{3}{2}$$

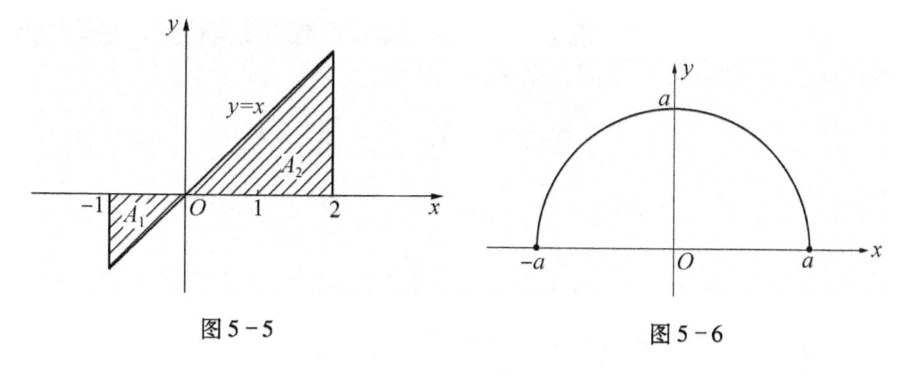

图5-5　　　　图5-6

(2)由定积分的几何意义知定积分$\int_{-a}^{a} \sqrt{a^2-x^2}\,\mathrm{d}x$表示由上半圆周$y=\sqrt{a^2-x^2}$与直线$x=-a$，$x=a$及$x$轴所围成的图形的面积，如图5-6所示．故有

$$\int_{-a}^{a} \sqrt{a^2-x^2}\,\mathrm{d}x = \frac{1}{2}\pi a^2$$

四、定积分的性质

由定积分的定义

$$\int_a^b f(x)\,\mathrm{d}x = \lim_{\lambda\to 0}\sum_{i=1}^{n} f(\xi_i)\Delta x_i$$

以及极限的运算法则与性质，可以得到定积分的几个基本性质．在下面的讨论中，我们假设函数在相关的区间上都是可积的．

性质 1 $\int_a^b [f(x) \pm g(x)]\mathrm{d}x = \int_a^b f(x)\mathrm{d}x \pm \int_a^b g(x)\mathrm{d}x$

证
$$\begin{aligned}\int_a^b [f(x) \pm g(x)]\mathrm{d}x &= \lim_{\lambda\to 0}\sum_{i=1}^{n}[f(\xi_i) \pm g(\xi_i)]\Delta x_i \\ &= \lim_{\lambda\to 0}\sum_{i=1}^{n} f(\xi_i)\Delta x_i \pm \lim_{\lambda\to 0}\sum_{i=1}^{n} g(\xi_i)\Delta x_i \\ &= \int_a^b f(x)\mathrm{d}x \pm \int_a^b g(x)\mathrm{d}x\end{aligned}$$

性质 1 对任意有限个函数都是成立的．类似地，可以证明：

性质 2 $\int_a^b kf(x)\mathrm{d}x = k\int_a^b f(x)\mathrm{d}x$（$k$ 是常数）．

性质 3 设 $a<c<b$. 则
$$\int_a^b f(x)\mathrm{d}x = \int_a^c f(x)\mathrm{d}x + \int_c^b f(x)\mathrm{d}x$$

按定积分定义的补充规定，对于 a、b、c 三点的任何位置，性质 3 仍然成立．例如当 $a<b<c$ 时，由于
$$\int_a^c f(x)\mathrm{d}x = \int_a^b f(x)\mathrm{d}x + \int_b^c f(x)\mathrm{d}x$$

于是得
$$\begin{aligned}\int_a^b f(x)\mathrm{d}x &= \int_a^c f(x)\mathrm{d}x - \int_b^c f(x)\mathrm{d}x \\ &= \int_a^c f(x)\mathrm{d}x + \int_c^b f(x)\mathrm{d}x\end{aligned}$$

性质 3 表明，定积分对于积分区间具有可加性．

性质 4 如果在区间 $[a, b]$ 上 $f(x)\equiv 1$，则
$$\int_a^b 1\mathrm{d}x = \int_a^b \mathrm{d}x = b-a$$

性质 5 如果在 $[a, b]$ 上 $f(x)\leqslant g(x)$，则
$$\int_a^b f(x)\mathrm{d}x \leqslant \int_a^b g(x)\mathrm{d}x$$

证 因为 $f(\xi_i)\leqslant g(\xi_i)$ 及 $\Delta x_i \geqslant 0$（$i=1, 2, \cdots, n$），得
$$f(\xi_i)\Delta x_i \leqslant g(\xi_i)\Delta x_i$$

相加得
$$\sum_{i=1}^{n} f(\xi_i)\Delta x_i \leqslant \sum_{i=1}^{n} g(\xi_i)\Delta x_i$$

令 $\lambda\to 0$，上式两边取极限即得到要证的不等式．

特别地，若在[a, b]上$f(x)\geqslant 0$，则有$\int_a^b f(x)\,\mathrm{d}x\geqslant 0$.

推论　$\left|\int_a^b f(x)\,\mathrm{d}x\right| \leqslant \int_a^b |f(x)|\,\mathrm{d}x \quad (a < b)$

性质6（估值定理）　设m、M分别是$f(x)$在[a, b]上的最小值和最大值，则

$$m(b-a) \leqslant \int_a^b f(x)\,\mathrm{d}x \leqslant M(b-a)$$

证　因为$m\leqslant f(x)\leqslant M$，由性质5得

$$\int_a^b m\,\mathrm{d}x \leqslant \int_a^b f(x)\,\mathrm{d}x \leqslant \int_a^b M\,\mathrm{d}x$$

又由性质2和性质4得

$$m(b-a) \leqslant \int_a^b f(x)\,\mathrm{d}x \leqslant M(b-a)$$

性质7（定积分中值定理）　如果函数$f(x)$在闭区间[a, b]上连续，则在[a, b]上至少存在一点ξ，使得下式成立：

$$\int_a^b f(x)\,\mathrm{d}x = f(\xi)(b-a) \quad (a \leqslant \xi \leqslant b)$$

这个公式叫做积分中值公式.

证　将性质6中的不等式各除以$b-a$得

$$m \leqslant \frac{1}{b-a}\int_a^b f(x)\,\mathrm{d}x \leqslant M$$

上式表明，确定的数值$\frac{1}{b-a}\int_a^b f(x)\,\mathrm{d}x$介于函数$f(x)$的最小值$m$与最大值$M$之间. 根据闭区间上连续函数的介值定理（第一章第五节定理5），在[a, b]上至少存在一点ξ，使得

$$\frac{1}{b-a}\int_a^b f(x)\,\mathrm{d}x = f(\xi)$$

从而得

$$\int_a^b f(x)\,\mathrm{d}x = f(\xi)(b-a) \quad (a \leqslant \xi \leqslant b)$$

定积分中值定理的几何意义：在闭区间[a, b]上至少存在一点ξ，使得以此区间[a, b]为底边以曲线$y=f(x)$为曲边的曲边梯形的面积等于以同一区间[a, b]为底边而高为$f(\xi)$的一个矩形的面积（图5-7）.

按积分中值公式所得

$$f(\xi) = \frac{1}{b-a}\int_a^b f(x)\,\mathrm{d}x$$

称为函数$f(x)$在区间$[a, b]$上的平均值．例如，如图5-7所示，$f(\xi)$可看作图中曲边梯形的平均高度．

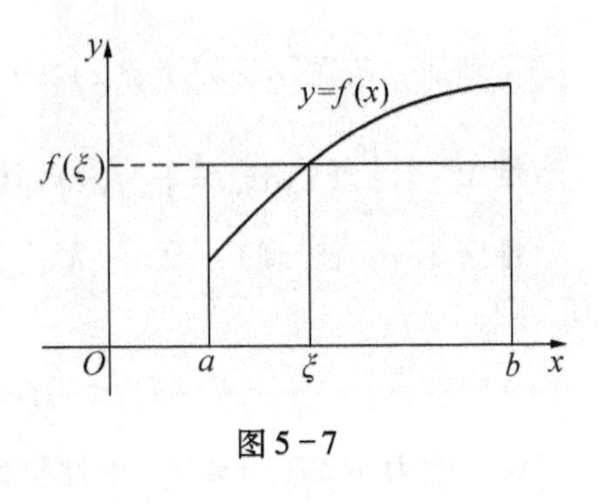

图5-7

例5 利用定积分的性质确定哪个定积分较大：

(1) $\int_0^1 x^2 dx$ 与 $\int_0^1 \sqrt{x} dx$；

(2) $\int_1^2 \ln x dx$ 与 $\int_1^2 (\ln x)^2 dx$.

解 (1)因为当$x\in[0, 1]$时，$\sqrt{x}\geqslant x^2$，所以由定积分的性质知

$$\int_0^1 \sqrt{x} dx \geqslant \int_0^1 x^2 dx$$

(2)因为当$1\leqslant x\leqslant 2$时，$0\leqslant \ln x<\ln e=1$，所以

$$\ln x \geqslant (\ln x)^2$$

由定积分的性质知

$$\int_1^2 \ln x dx \geqslant \int_1^2 (\ln x)^2 dx$$

例6 估计定积分$\int_{-1}^1 e^{-x^2} dx$的值．

解 先求$f(x)=e^{-x^2}$在区间$[-1, 1]$上的最大值M和最小值m. 为此，求$f'(x)=-2xe^{-x^2}$. 令$f'(x)=0$，得驻点$x=0$. 比较函数$f(x)=e^{-x^2}$在驻点及区间端点$x=\pm 1$的值：

$$f(0)=e^0=1$$

$$f(\pm 1)=e^{-1}=\frac{1}{e}$$

得最小值$m=\frac{1}{e}$，最大值$M=1$. 根据估值定理得

$$\frac{2}{e}\leqslant \int_{-1}^1 e^{-x^2} dx \leqslant 2$$

习题5-1

1. 画出由曲线$y=e^x$，直线$x=0$，$x=1$及x轴所围成的曲边梯形，并用定积分表示该曲边梯形的面积A.

2. 某物体以速度$v=v(t)$做直线运动．试用定积分表示该物体从$t=0$

到 $t=3$ 这段时间内所经过的路程 s.

3. 定积分 $\int_a^b f(x)\mathrm{d}x$ 是　　　　　　　　　　　　　　　　　　(　　)

A. 一个原函数　　B. 一个函数簇　　C. 一个数　　D. 一个非负数

4. 设 $f(x)$ 在区间 $[a, b]$ 上连续，则 $\int_a^b f(x)\mathrm{d}x - \int_a^b f(t)\mathrm{d}t$ 的值(　　)

A. 小于零　　B. 大于零　　C. 等于零　　D. 不确定

5. 若 $\int_a^b f(x)\mathrm{d}x = \int_b^a f(x)\mathrm{d}x$. 则必有　　　　　　　　　　(　　)

A. $\int_a^b f(x)\mathrm{d}x = 0$　　B. $f(x)=0$　　C. $\int_a^b f(x)\mathrm{d}x$ 不确定　　D. $a=b$

6. 利用定积分的几何意义说明下列各等式成立：

(1) $\int_a^b k\mathrm{d}x = k(b-a)$　$(a<b$，常数 $k>0)$；

(2) $\int_a^b x\mathrm{d}x = \frac{1}{2}(b^2-a^2)$；

(3) $\int_0^a \sqrt{a^2-x^2}\mathrm{d}x = \frac{1}{4}\pi a^2$　$(a>0)$.

7. 证明定积分的性质：

(1) $\int_a^b kf(x)\mathrm{d}x = k\int_a^b f(x)\mathrm{d}x$　(k 是常数)；

(2) $\int_a^b 1\mathrm{d}x = \int_a^b \mathrm{d}x = b-a$.

8. 利用定积分的性质说明下列定积分哪一个较大：

(1) $\int_0^1 x^2\mathrm{d}x$ 与 $\int_0^1 x^3\mathrm{d}x$；　　(2) $\int_1^2 \mathrm{e}^{x^2}\mathrm{d}x$ 与 $\int_1^2 \mathrm{e}^{x^3}\mathrm{d}x$；

(3) $\int_3^4 (\ln x)^2\mathrm{d}x$ 与 $\int_3^4 (\ln x)^3\mathrm{d}x$.

9. 估计下列各定积分的值：

(1) $\int_1^4 (x^2+1)\mathrm{d}x$；　　(2) $\int_0^{\frac{\pi}{2}} \mathrm{e}^{\sin x}\mathrm{d}x$.

第二节　微积分基本定理

在第一节，通过求曲边梯形的面积和求变速直线运动的路程，说明了求这些量可归结为求一个定积分．但要直接从一个特殊的和式极限求定积分的值，除了一些非常简单的函数之外，都是十分困难的．还要寻求计算定积分的新方法．

一、变速直线运动的路程函数与速度函数的联系

从第一节知道：运动物体从时刻 T_0 到 T_1 所经过的路程可用定积分

$$\int_{T_0}^{T_1} v(t)\,dt$$

来表达，其中 $v(t)$ 是速度函数；另一方面，如果知道物体的运动规律 $s=s(t)$，那么这段路程可以用增量 $s(T_1)-s(T_0)$ 来表达．于是有

$$\int_{T_0}^{T_1} v(t)\,\mathrm{d}t = s(T_1) - s(T_0) \tag{2-1}$$

由导数概念知道

$$s'(t) = v(t) \tag{2-2}$$

即路程函数 $s(t)$ 是速度函数 $v(t)$ 的一个原函数．因此，关系式(2-1)表示，要计算定积分 $\int_{T_0}^{T_1} v(t)\,\mathrm{d}t$，就要求 $v(t)$ 的原函数 $s(t)$ 在区间 $[T_0, T_1]$ 上的增量．

现在的问题是，这个方法是否具有普遍性？也就是说，如果被积函数不是 $v(t)$ 而是 $f(t)$，是否可以找到一个原函数 $F(t)$，使得 $F'(t)=f(t)$？这是原函数的存在性问题．这个问题的解决，仍可由上例得到启发：由于 $s(t)$ 是物体从某个时刻 T_0 算起到时刻 t 的路程，故可表示为

$$s(t) = \int_{T_0}^{t} v(\tau)\,\mathrm{d}\tau \tag{2-3}$$

注意，这是一个积分上限是变量的积分．因为定积分与积分变量的记法无关，为了区别起见，式(2-3)被积函数 $v(t)$ 的积分变量 t 改为τ，于是式(2-2)可改写为

$$\frac{\mathrm{d}}{\mathrm{d}t}\int_{T_0}^{t} v(\tau)\,\mathrm{d}\tau = v(t)$$

由此可见，当积分上限是变量的积分 $\int_{T_0}^{t} f(\tau)\,\mathrm{d}\tau$ 所表示的函数，就有可能是要找的函数 $F(t)$．

二、变上限的积分及其导数

设函数 $f(x)$ 在闭区间 $[a, b]$ 上连续，x 为 $[a, b]$ 上的一点，则积分 $\int_a^x f(t)\,\mathrm{d}t$ 一定存在．当积分上限 x 在 $[a, b]$ 上任取一值时，定积分 $\int_a^x f(t)\,\mathrm{d}t$

就有一个确定的值和它对应，因此$\int_a^x f(t)\mathrm{d}t$是上限x的一个函数，记作$\Phi(x)$，即

$$\Phi(x)=\int_a^x f(t)\mathrm{d}t \quad (a\leqslant x\leqslant b)$$

此积分通常称为变上限积分(或变上限函数).

当$f(x)\geqslant 0$时，函数$\Phi(x)$在几何上表示如图5－8中阴影部分的面积.

可以证明，$\Phi(x)$就是$f(x)$在$[a,\ b]$上的一个原函数．即有下述定理：

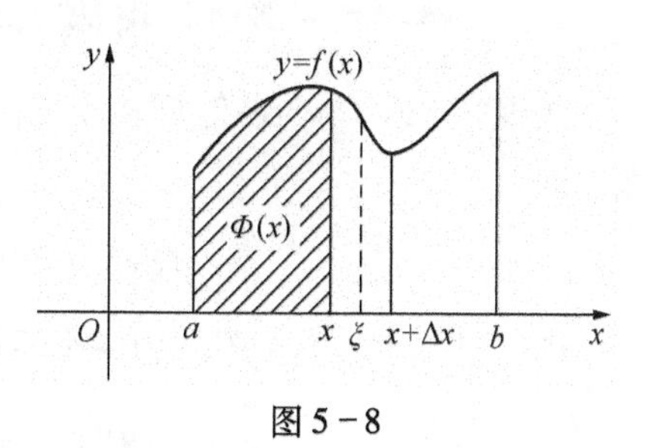

图5－8

定理1(原函数存在定理)　**设函数$f(x)$在区间$[a,\ b]$上连续，则变上限积分**

$$\Phi(x)=\int_a^x f(t)\mathrm{d}t$$

在$[a,\ b]$上可导，并且它的导数

$$\Phi'(x)=\frac{\mathrm{d}}{\mathrm{d}x}\int_a^x f(t)\mathrm{d}t=f(x)\quad (a\leqslant x\leqslant b)$$

证　按导数的定义，要证明$\lim\limits_{\Delta x\to 0}\dfrac{\Delta\Phi(x)}{\Delta x}=f(x)$．设自变量$x$有增量$\Delta x$，且$x+\Delta x\in[a,\ b]$，由$\Phi(x)$的定义，得增量

$$\begin{aligned}\Delta\Phi(x)&=\Phi(x+\Delta x)-\Phi(x)\\&=\int_a^{x+\Delta x}f(t)\mathrm{d}t-\int_a^x f(t)\mathrm{d}t\\&=\int_a^x f(t)\mathrm{d}t+\int_x^{x+\Delta x}f(t)\mathrm{d}t-\int_a^x f(t)\mathrm{d}t\\&=\int_x^{x+\Delta x}f(t)\mathrm{d}t\end{aligned}$$

如图5－8所示．应用积分中值定理，在x与$x+\Delta x$之间至少存在一点ξ，使得

$$\Delta\Phi(x)=\int_x^{x+\Delta x}f(t)\mathrm{d}t=f(\xi)\Delta x$$

成立．又因为$f(x)$在区间$[a,\ b]$上连续，所以当$\Delta x\to 0$时，$\xi\to x$，$f(\xi)\to f(x)$，从而有

$$\Phi'(x) = \lim_{\Delta x \to 0} \frac{\Phi(x)}{\Delta x} = \lim_{\xi \to x} f(\xi) = f(x)$$

定理1有重要的意义，它建立了微分与积分两类问题的联系，解决了原函数的存在性问题，同时还为解决定积分的计算奠定了基础．

三、牛顿－莱布尼茨公式

定理2　设$f(x)$在区间$[a, b]$上连续，且$F(x)$是$f(x)$的一个原函数，则

$$\int_a^b f(x)\mathrm{d}x = F(b) - F(a)$$

证　已知$F(x)$是$f(x)$的一个原函数．由定理1知积分上限的函数

$$\Phi(x) = \int_a^x f(t)\mathrm{d}t$$

也是$f(x)$的一个原函数．于是这两个原函数之差$\Phi(x) - F(x)$是某一个常数C（第四章第一节），即

$$\Phi(x) = F(x) + C \quad (a \leqslant x \leqslant b)$$

或
$$\int_a^x f(t)\mathrm{d}t = F(x) + C$$

为了确定C，令$x = a$，得

$$\int_a^a f(t)\mathrm{d}t = F(a) + C$$

即
$$0 = F(a) + C$$

从而有$C = -F(a)$．因此，得到变上限积分的表达式

$$\int_a^x f(t)\mathrm{d}t = F(x) - F(a)$$

再令$x = b$，即得

$$\int_a^b f(t)\mathrm{d}t = F(b) - F(a)$$

上式叫做牛顿－莱布尼茨公式．为了方便起见，牛顿－莱布尼茨公式也可以记作

$$\int_a^b f(x)\mathrm{d}x = F(x)\Big|_a^b = F(b) - F(a)$$

下面举几个应用定理1的简单例子．

例1　设积分上限函数$\Phi(x) = \int_0^x \mathrm{e}^{t^2}\mathrm{d}t$，求$\Phi'(x)$．

解　根据定理1得

$$\Phi'(x) = \left(\int_0^x e^{t^2}dt\right)' = e^{x^2}$$

例2　设 $y = \int_x^{-1}\sqrt{1+t^3}dt$，求$\frac{dy}{dx}$.

解　这里积分下限是变量，应先变换积分上、下限，再求导：

$$\frac{dy}{dx} = \frac{d}{dx}\left(-\int_{-1}^x \sqrt{1+t^3}dt\right) = -\sqrt{1+x^3}$$

例3　求$\frac{d}{dx}\int_1^{x^2}\sin(t^2+1)dt$.

解　这里的变上限积分的上限是 x^2. 若记 $u = x^2$，则函数 $\int_1^{x^2}\sin(t^2+1)dt$ 可以看成是由 $\int_1^u \sin(t^2+1)dt$ 与 $u = x^2$ 复合而成，因此根据复合函数的求导法则及定理 1 得

$$\begin{aligned}\frac{d}{dx}\int_1^{x^2}\sin(t^2+1)dt &= \frac{d}{du}\int_1^u \sin(t^2+1)dt \cdot \frac{du}{dx}\\ &= \sin(u^2+1)\cdot 2x\\ &= 2x\sin(x^4+1)\end{aligned}$$

一般地，若 $\varphi(x)$ 可导，$f(x)$ 连续，则有

$$\frac{d}{dx}\int_a^{\varphi(x)} f(t)dt = f(\varphi(x))\cdot\varphi'(x)$$

例4　求极限$\lim\limits_{x\to 1}\frac{\int_1^x (t^2-1)dt}{\ln^2 x}$.

解　当 $x\to 1$ 时，极限是$\frac{0}{0}$型，由洛必达法则可得

$$\begin{aligned}\lim_{x\to 1}\frac{\int_1^x (t^2-1)dt}{\ln^2 x} &= \lim_{x\to 1}\frac{x^2-1}{2\ln x\cdot\frac{1}{x}}\\ &= \lim_{x\to 1}\frac{x^3-x}{2\ln x}\\ &= \lim_{x\to 1}\frac{3x^2-1}{\frac{2}{x}} = 1\end{aligned}$$

下面列举一些应用牛顿－莱布尼茨公式的例子.

例5 计算 $\int_0^1 x^3 \mathrm{d}x$.

解 由于$\frac{x^4}{4}$是 x^3 的一个原函数，所以按牛顿－莱布尼茨公式有

$$\int_0^1 x^3 \mathrm{d}x = \frac{x^4}{4}\Big|_0^1$$

$$= \frac{1^4}{4} - \frac{0^4}{4} = \frac{1}{4}$$

例6 计算曲线 $y = \sin x$ 在$[0, \pi]$上与 x 轴所围成的平面图形(图5－9)的面积.

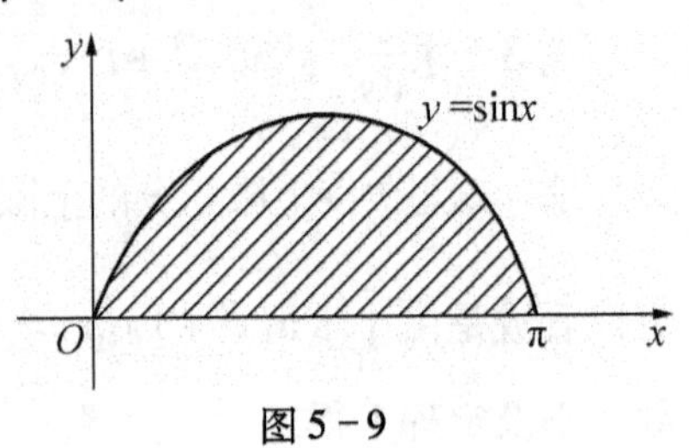

图5－9

解 设所求图形的面积为 A，$A = \int_0^{\pi} \sin x \mathrm{d}x$. 由于 $-\cos x$ 是 $\sin x$ 的一个原函数，所以

$$A = \int_0^{\pi} \sin x \mathrm{d}x = -\cos x \Big|_0^{\pi}$$

$$= -(-1) - (-1) = 2$$

例7 计算 $\int_0^{\frac{1}{2}} \frac{\mathrm{d}x}{\sqrt{1-x^2}}$.

解 由于 $\arcsin x$ 是$\frac{1}{\sqrt{1-x^2}}$的一个原函数，所以

$$\int_0^{\frac{1}{2}} \frac{\mathrm{d}x}{\sqrt{1-x^2}} = \arcsin x \Big|_0^{\frac{1}{2}}$$

$$= \frac{\pi}{6} - 0 = \frac{\pi}{6}$$

例8 计算 $\int_0^1 \frac{x^2}{1+x^2} \mathrm{d}x$.

解

$$\int_0^1 \frac{x^2}{1+x^2} \mathrm{d}x = \int_0^1 \frac{x^2+1-1}{1+x^2} \mathrm{d}x$$

$$= \int_0^1 \left(1 - \frac{1}{1+x^2}\right) \mathrm{d}x$$

$$= (x - \arctan x) \Big|_0^1 = 1 - \frac{\pi}{4}$$

例 9　设函数

$$f(x)=\begin{cases}\sqrt[3]{x} & (0\leqslant x<1)\\ e^x & (1\leqslant x\leqslant 3)\end{cases}$$

计算 $\int_0^3 f(x)\,dx$.

解　利用定积分对区间的可加性，得

$$\begin{aligned}\int_0^3 f(x)\,dx &= \int_0^1 \sqrt[3]{x}\,dx + \int_1^3 e^x\,dx\\ &= \frac{3}{4}x^{\frac{4}{3}}\Big|_0^1 + e^x\Big|_1^3\\ &= \frac{3}{4}+e^3-e\end{aligned}$$

这里需要指出的是，如果函数 $f(x)$ 在所讨论的区间上不满足可积条件，牛顿－莱布尼茨公式不能使用．例如：

$$\begin{aligned}\int_{-1}^1 \frac{1}{x^2}dx &= -\frac{1}{x}\Big|_{-1}^1\\ &= -1-1=-2\end{aligned}$$

这个解法是错误的，因为在区间$[-1,1]$上，点 $x=0$ 是函数 $f(x)=\frac{1}{x^2}$ 的无穷间断点，函数 $f(x)=\frac{1}{x^2}$ 不连续．

习题 5－2

1. 设函数 $\Phi(x)=\int_0^x \sin 2t\,dt$，求 $\Phi'(x)$ 及 $\Phi'\left(\frac{\pi}{4}\right)$.

2. 设 $F(x)=\int_x^3 \sqrt{1+t^2}\,dt$，求 $F'(x)$.

3. 设 $f(x)=\int_a^{e^x} \frac{\ln t}{t}dt$，求 $f'(x)$.

4. 设 $\int_0^y e^t dt+3\int_0^x \cos t\,dt=0$，求 $\frac{dy}{dx}$.

5. 求下列极限：

(1) $\lim\limits_{x\to 0}\frac{\int_0^x \cos 2t\,dx}{5x}$；　(2) $\lim\limits_{x\to 0}\frac{\int_{x^2}^0 \sqrt{1+t^2}\,dt}{1-\cos x}$；　(3) $\lim\limits_{x\to 0}\frac{\int_0^x \cos t^2\,dt}{x}$.

6. 下列等式正确的是 ( )

A. $\frac{d}{dx}\int f(x)dx = f(x)$ B. $\frac{d}{dx}\int_a^b f(x)dx = f(x)$

C. $\int_a^b f'(x)dx = f(x)$ D. $\int f'(x)dx = f(x)$

7. 设$f(x)$连续，且$\int_a^x f(t)dt = x\sin x$，则$f\left(\frac{\pi}{2}\right) =$ ( )

A. $\sin x + x\cos x$ B. $1-\frac{\pi}{2}$

C. $\frac{\pi}{2}$ D. 1

8. 利用牛顿－莱布尼茨公式计算下列各定积分：

(1) $\int_1^{27}\frac{dx}{\sqrt[3]{x}}$； (2) $\int_1^2 (3x-1)dx$；

(3) $\int_{-1}^1 \frac{1}{(x-3)^2}dx$； (4) $\int_{\frac{\pi}{3}}^{\pi} \sin\left(x+\frac{\pi}{3}\right)dx$；

(5) $\int_4^9 \sqrt{x}(1+\sqrt{x})dx$； (6) $\int_1^{\sqrt{3}} \frac{1}{1+x^2}dx$.

9. 计算下列各定积分：

(1) $\int_{-1}^2 |2x|dx$；

(2) $\int_{-1}^1 f(x)dx$，其中$f(x)=\begin{cases} 2^x & -1\leqslant x<0 \\ \sqrt{1-x} & 0\leqslant x\leqslant 1 \end{cases}$.

第三节 定积分的换元法与分部积分法

计算某些定积分，可以用不定积分的换元法和分部积分法先求出原函数，利用牛顿－莱布尼茨公式求得．然而，在许多情况下，求原函数比较复杂．为了使运算简便，下面介绍定积分的换元积分法和分部积分法．

一、定积分的换元法

先看一个例子．

例 1 计算$\int_0^1 \sqrt{1-x^2}dx$.

解 先求不定积分$\int\sqrt{1-x^2}dx$. 令$x=\sin t$，则

$$\begin{aligned}\int \sqrt{1-x^2}\mathrm{d}x &= \int \sqrt{1-\sin^2 t}\cos t\mathrm{d}t = \int \cos^2 t\mathrm{d}t \\ &= \frac{1}{2}\int (1+\cos 2t)\mathrm{d}t = \frac{1}{2}t + \frac{1}{4}\sin 2t + C \\ &= \frac{1}{2}\arcsin x + \frac{1}{2}x\sqrt{1-x^2} + C\end{aligned}$$

所以

$$\begin{aligned}\int_0^1 \sqrt{1-x^2}\mathrm{d}x &= \left[\frac{1}{2}\arcsin x + \frac{1}{2}x\sqrt{1-x^2}\right]\Big|_0^1 \\ &= \frac{\pi}{4}\end{aligned}$$

如果注意到作变换 $x=\sin t$ 后，x 由0变到1，相当于 t 由0变到$\frac{\pi}{2}$，所以有

$$\begin{aligned}\int_0^1 \sqrt{1-x^2}\mathrm{d}x &= \int_0^{\frac{\pi}{2}} \cos^2 t\mathrm{d}t \\ &= \left[\frac{1}{2}t + \frac{1}{2}\sin 2t\right]\Big|_0^{\frac{\pi}{2}} \\ &= \frac{\pi}{4}\end{aligned}$$

上述两种求法虽然结果一样，但是后一种方法由于“换元同时换限”，不需要将积分变量换回 x，自然其计算过程就简捷多了．这是定积分换元法与不定积分换元法的区别所在．

一般地，有下述定理：

定理1　设函数 $f(x)$ 在区间 $[a, b]$ 上连续．作变换 $x=\varphi(t)$，它满足：

(1) $\varphi(\alpha)=a$，$\varphi(\beta)=b$；

(2) 当 t 在 $[\alpha, \beta]$ 上变化时，$x=\varphi(t)$ 的值在 $[a, b]$ 上变化；

(3) $\varphi(t)$ 在 $[\alpha, \beta]$ 上有连续导数 $\varphi'(t)$，

则有

$$\int_a^b f(x)\mathrm{d}x = \int_\alpha^\beta f(\varphi(t))\varphi'(t)\mathrm{d}t \tag{3-1}$$

证　因为 $f(x)$ 和 $f(\varphi(t))\varphi'(t)$ 在其定义区间上连续，所以式(3-1)两边的定积分都存在．

设 $F(x)$ 是 $f(x)$ 的一个原函数，则由牛顿-莱布尼茨公式及本定理的条件(1)得

$$\begin{aligned}\int_a^b f(x)\mathrm{d}x &= F(b) - F(a) \\ &= F(\varphi(\beta)) - F(\varphi(\alpha))\end{aligned}$$

另一方面，因为

$$(F(\varphi(t)))' = F'(x)\varphi'(t) = f(\varphi(t))\varphi'(t)$$

这表明 $F(\varphi(t))$ 是 $f(\varphi(t))\varphi'(t)$ 的一个原函数．由牛顿－莱布尼茨公式有

$$\int_{\alpha}^{\beta} f(\varphi(t))\varphi'(t)\,\mathrm{d}t = F(\varphi(\beta)) - F(\varphi(\alpha))$$

式(3－1)得证．

利用公式(3－1)求定积分的方法称为定积分的换元法．

例2 计算 $\int_0^8 \frac{\mathrm{d}x}{1+\sqrt[3]{x}}$．

解 令 $\sqrt[3]{x}=t$，$x=t^3$，则 $\mathrm{d}x=3t^2\mathrm{d}t$. 当 $x=0$ 时，$t=0$；当 $x=8$ 时，$t=2$．于是

$$\begin{aligned}\int_0^8 \frac{\mathrm{d}x}{1+\sqrt[3]{x}} &= \int_0^2 \frac{3t^2}{1+t}\mathrm{d}t \\ &= 3\int_0^2\left(t-1+\frac{1}{1+t}\right)\mathrm{d}t \\ &= 3\left(\frac{t^2}{2}-t+\ln(1+t)\right)\Big|_0^2 \\ &= 3\ln 3\end{aligned}$$

例3 计算 $\int_0^{\frac{\pi}{2}} \cos^5 t\cdot\sin t\mathrm{d}t$.

解 方法一 由"凑微分"法不难看出 $\sin t\mathrm{d}t=-\mathrm{d}\cos t$．于是

$$\begin{aligned}\int_0^{\frac{\pi}{2}} \cos^5 t\cdot\sin t\mathrm{d}t &= -\int_0^{\frac{\pi}{2}} \cos^5 t\mathrm{d}\cos t \\ &= -\left(\frac{\cos^6 t}{6}\right)\Big|_0^{\frac{\pi}{2}} = \frac{1}{6}\end{aligned}$$

方法二 令 $x=\cos t$，则 $\mathrm{d}x=-\sin t\mathrm{d}t$. 当 $t=0$ 时，$x=1$；当 $t=\frac{\pi}{2}$ 时，$x=0$．于是

$$\int_0^{\frac{\pi}{2}} \cos^5 t\cdot\sin t\mathrm{d}t = -\int_1^0 x^5\mathrm{d}x = \int_0^1 x^5\mathrm{d}x = \frac{1}{6}$$

上述例子表明：定积分换元法公式(3－1)的应用是"双向"的．公式(3－1)从左向右使用，相当于不定积分的第二类换元法(如例1、例2、例3的方法二)；从右向左使用，就相当于不定积分的第一类换元法(如例3的方法一)．

例3两种方法不同的是，方法一积分变量始终是 t，实际上没有换元，因而积分限没有改变，用凑微分法求出原函数，再使用牛顿－莱布尼茨公式；而方法二因积分变量 t 变成新变量 x，因此新积分限要相应改变．对于第一类换元法，凑微分法求出原函数使用牛顿－莱布尼茨公式简单．

例4　计算 $\int_0^1 (e^x-1)^4 e^x dx$.

解　原式 $=\int_0^1 (e^x-1)^4 d(e^x-1)$

$$=\frac{1}{5}(e^x-1)^5\Big|_0^1$$

$$=\frac{1}{5}(e-1)^5$$

用凑微分法求原函数时，计算定积分不必换元．

例5　计算 $\int_1^{\sqrt{2}} \frac{x}{\sqrt{4-x^2}} dx$.

解　方法一　令 $x=2\sin t$，$dx=2\cos t dt$. 当 $x=1$ 时，$t=\frac{\pi}{6}$；当 $x=\sqrt{2}$时，$t=\frac{\pi}{4}$．于是

$$\int_1^{\sqrt{2}} \frac{x}{\sqrt{4-x^2}} dx=\int_{\frac{\pi}{6}}^{\frac{\pi}{4}} \frac{2\sin t}{2\cos t}\cdot 2\cos t dt$$

$$=2\int_{\frac{\pi}{6}}^{\frac{\pi}{4}} \sin t dt$$

$$=-2\cos t\Big|_{\frac{\pi}{6}}^{\frac{\pi}{4}}$$

$$=\sqrt{3}-\sqrt{2}$$

方法二

$$\int_1^{\sqrt{2}} \frac{x}{\sqrt{4-x^2}} dx=-\frac{1}{2}\int_1^{\sqrt{2}} (4-x^2)^{-\frac{1}{2}} d(4-x^2)$$

$$=-\sqrt{4-x^2}\Big|_1^{\sqrt{2}}$$

$$=\sqrt{3}-\sqrt{2}$$

例6　已知 $f(x)$ 在 $[-a, a]$ 上连续，证明：

(1)若 $f(x)$ 是偶函数，则

$$\int_{-a}^{a} f(x) dx=2\int_0^a f(x) dx$$

(2)若$f(x)$是奇函数，则

$$\int_{-a}^{a} f(x)\mathrm{d}x = 0$$

证 因为

$$\int_{-a}^{a} f(x)\mathrm{d}x = \int_{-a}^{0} f(x)\mathrm{d}x + \int_{0}^{a} f(x)\mathrm{d}x$$

对积分$\int_{-a}^{0} f(x)\mathrm{d}x$作变换$x=-t$，可得

$$\begin{aligned}\int_{-a}^{0} f(x)\mathrm{d}x &= -\int_{a}^{0} f(-t)\mathrm{d}t \\ &= \int_{0}^{a} f(-t)\mathrm{d}t \\ &= \int_{0}^{a} f(-x)\mathrm{d}x\end{aligned}$$

于是

$$\begin{aligned}\int_{-a}^{a} f(x)\mathrm{d}x &= \int_{0}^{a} f(-x)\mathrm{d}x + \int_{0}^{a} f(x)\mathrm{d}x \\ &= \int_{0}^{a} [f(x)+f(-x)]\mathrm{d}x\end{aligned}$$

(1)当$f(x)$是偶函数，则

$$f(x)+f(-x) = 2f(x)$$

从而

$$\int_{-a}^{a} f(x)\mathrm{d}x = 2\int_{0}^{a} f(x)\mathrm{d}x$$

(2)当$f(x)$是奇函数，则

$$f(x)+f(-x) = 0$$

从而

$$\int_{-a}^{a} f(x)\mathrm{d}x = 0$$

利用例6的结论，常可简化计算偶函数、奇函数在对称于原点的区间上的定积分．如

$$\int_{-1}^{1} \frac{\sin x}{1+x^2}\mathrm{d}x = 0$$

$$\int_{-a}^{a} (x^2 + x\sqrt{a^2-x^2})\mathrm{d}x = 2\int_{0}^{a} x^2\mathrm{d}x = \frac{2}{3}a^3$$

例7 证明$\int_{0}^{\frac{\pi}{2}} \sin^n x\mathrm{d}x = \int_{0}^{\frac{\pi}{2}} \cos^n x\mathrm{d}x$.

证 对定积分$\int_{0}^{\frac{\pi}{2}} \sin^n x\mathrm{d}x$作变换$x=\frac{\pi}{2}-t$,则$\mathrm{d}x=-\mathrm{d}t$,且当$x=0$时

$t=\frac{\pi}{2}$，当 $x=\frac{\pi}{2}$ 时 $t=0$．所以

$$\int_0^{\frac{\pi}{2}}\sin^n x\mathrm{d}x=\int_{\frac{\pi}{2}}^{0}\sin^n\left(\frac{\pi}{2}-t\right)(-\mathrm{d}t)$$

$$=\int_0^{\frac{\pi}{2}}\cos^n t\mathrm{d}t$$

$$=\int_0^{\frac{\pi}{2}}\cos^n x\mathrm{d}x$$

二、定积分的分部积分法

设函数 $u=u(x)$ 与 $v=v(x)$ 在区间 $[a,\ b]$ 上有连续导数．因为

$$(uv)'=vu'+uv'$$

即

$$uv'=(uv)'-vu'$$

等式两端对 x 从 a 到 b 积分，并应用牛顿－莱布尼茨公式得

$$\int_a^b uv'\mathrm{d}x=uv\Big|_a^b-\int_a^b vu'\mathrm{d}x$$

即

$$\int_a^b u\mathrm{d}v=uv\Big|_a^b-\int_a^b v\mathrm{d}u \tag{3-2}$$

式(3－2)就是定积分的分部积分公式．利用式(3－2)求定积分的方法称为定积分的分部积分法．

例 8　计算 $\int_1^{\mathrm{e}}\ln x\mathrm{d}x$．

解　令 $u=\ln x$，$\mathrm{d}v=\mathrm{d}x$，则有

$$\int_1^{\mathrm{e}}\ln x\mathrm{d}x=x\ln x\Big|_1^{\mathrm{e}}-\int_1^{\mathrm{e}}x\cdot\frac{1}{x}\mathrm{d}x$$

$$=\mathrm{e}-\mathrm{e}+1=1$$

例 9　计算 $\int_0^1 x\mathrm{e}^x\mathrm{d}x$．

解　令 $u=x$，$\mathrm{d}v=\mathrm{e}^x\mathrm{d}x=\mathrm{d}\mathrm{e}^x$．

则有

$$\int_0^1 x\mathrm{e}^x\mathrm{d}x=\int_0^1 x\mathrm{d}\mathrm{e}^x$$

$$=x\mathrm{e}^x\Big|_0^1-\int_0^1\mathrm{e}^x\mathrm{d}x$$

$$=\mathrm{e}-\mathrm{e}^x\Big|_0^1$$

$$=1$$

例 10 计算 $\int_0^2 x\mathrm{e}^{2x}\mathrm{d}x$.

解 令 $u=x$，$\mathrm{d}v=\mathrm{e}^{2x}\mathrm{d}x=\frac{1}{2}\mathrm{d}\mathrm{e}^{2x}$

则有

$$\begin{aligned}\int_0^2 x\mathrm{e}^{2x}\mathrm{d}x &= \frac{1}{2}\int_0^2 x\mathrm{d}\mathrm{e}^{2x} \\ &= \frac{1}{2}\left(x\mathrm{e}^{2x}\Big|_0^2 - \int_0^2 \mathrm{e}^{2x}\mathrm{d}x\right) \\ &= \frac{1}{2}\left(2\mathrm{e}^4 - \frac{1}{2}\int_0^2 \mathrm{e}^{2x}\mathrm{d}2x\right) \\ &= \frac{1}{2}\left(2\mathrm{e}^4 - \frac{1}{2}\mathrm{e}^{2x}\Big|_0^2\right) \\ &= \frac{1}{2}\left(2\mathrm{e}^4 - \frac{1}{2}\mathrm{e}^4 + \frac{1}{2}\right) \\ &= \frac{1}{4}(3\mathrm{e}^4+1)\end{aligned}$$

例 11 计算 $\int_0^1 \sin\sqrt{x}\mathrm{d}x$.

解 令 $\sqrt{x}=t$，$x=t^2$，则 $\mathrm{d}x=2t\mathrm{d}t$，且当 $x=0$ 时，$t=0$；当 $x=1$ 时，$t=1$. 故

$$\begin{aligned}\int_0^1 \sin\sqrt{x}\mathrm{d}x &= \int_0^1 \sin t\cdot 2t\mathrm{d}t \\ &= -2\int_0^1 t\mathrm{d}\cos t \\ &= -2\left(t\cos t\Big|_0^1 - \int_0^1 \cos t\mathrm{d}t\right) \\ &= -2\left(\cos 1 - \sin t\Big|_0^1\right) \\ &= 2(\sin 1 - \cos 1)\end{aligned}$$

例 12 设 $f(x)=\int_1^{x^2}\frac{\sin t}{t}\mathrm{d}t$，求 $\int_0^1 xf(x)\mathrm{d}x$.

解

$$\begin{aligned}\int_0^1 xf(x)\mathrm{d}x &= \frac{1}{2}\int_0^1 f(x)\mathrm{d}x^2 \\ &= \frac{1}{2}\left[x^2f(x)\Big|_0^1 - \int_0^1 x^2f'(x)\mathrm{d}x\right]\end{aligned}$$

$$= \frac{1}{2}f(1) - \frac{1}{2}\int_0^1 x^2 \cdot \frac{\sin x^2}{x^2} \cdot 2x\mathrm{d}x$$

$$= \frac{1}{2}\int_1^1 \frac{\sin t}{t}\mathrm{d}t - \frac{1}{2}\int_0^1 \sin x^2 \mathrm{d}x^2$$

$$= 0 + \frac{1}{2}\cos x^2 \Big|_0^1$$

$$= \frac{1}{2}(\cos 1 - 1)$$

例 13　已知$f(2x+1)=xe^x$，求$\int_3^5 f(t)\mathrm{d}t$.

解　令$t=2x+1$，则当$t=3$时，$x=1$；当$t=5$时，$x=2$.

$$\int_3^5 f(t)\mathrm{d}t = \int_1^2 f(2x+1) \cdot 2\mathrm{d}x$$

$$= \int_1^2 2xe^x\mathrm{d}x$$

$$= 2\left(\int_1^2 x\mathrm{d}e^x\right)$$

$$= 2\left(xe^x\Big|_1^2 - \int_1^2 e^x\mathrm{d}x\right)$$

$$= 2(2e^2 - e - e^2 + e) = 2e^2$$

习题 5－3

1. 计算下列定积分：

(1) $\int_1^4 \frac{e^{\sqrt{x}}}{\sqrt{x}}\mathrm{d}x$；　(2) $\int_{\frac{\pi}{6}}^{\frac{\pi}{2}} \cot x\mathrm{d}x$；

(3) $\int_{\frac{\pi}{3}}^{\pi} \sin\left(x + \frac{\pi}{3}\right)\mathrm{d}x$；　(4) $\int_{-2}^{0} \frac{x}{(1+x^2)^2}\mathrm{d}x$；

(5) $\int_0^1 xe^{\frac{x^2}{2}}\mathrm{d}x$；　(6) $\int_{-\frac{1}{2}}^{\frac{1}{2}} \frac{(\arcsin x)^2}{\sqrt{1-x^2}}\mathrm{d}x$

(7) $\int_{-1}^{1} \frac{x}{\sqrt{5-4x}}\mathrm{d}x$；　(8) $\int_1^8 \frac{1}{x+\sqrt[3]{x}}\mathrm{d}x$；

(9) $\int_0^4 \frac{x+2}{\sqrt{1+2x}}\mathrm{d}x$；　(10) $\int_{\frac{1}{\sqrt{2}}}^{1} \frac{\sqrt{1-x^2}}{x^2}\mathrm{d}x$.

2. 计算下列定积分：

(1) $\int_0^{\frac{\pi}{2}} x\cos x\mathrm{d}x$；　　(2) $\int_0^1 x\mathrm{e}^{-x}\mathrm{d}x$；

(3) $\int_1^{\mathrm{e}} x\ln x\mathrm{d}x$；　　(4) $\int_{\frac{1}{\mathrm{e}}}^{\mathrm{e}} |\ln x|\mathrm{d}x$；

(5) $\int_0^1 \arctan x\mathrm{d}x$；　　(6) $\int_0^{\frac{\pi}{2}} x^2\sin x\mathrm{d}x$.

3. 设$f(x)=\int_1^x \mathrm{e}^{-t^2}\mathrm{d}t$，求定积分$\int_0^1 f(x)\mathrm{d}x$.

4. 设$\sqrt{1+x^2}$是$f(x)$的一个原函数，求定积分$\int_0^{\sqrt{3}} xf'(x)\mathrm{d}x$.

第四节　定积分的应用

本节将应用定积分的基本理论和计算方法分析和解决一些实际问题．为此先明确两个问题：第一，能用定积分表达的量具有什么特征？第二，怎样建立它的积分表达式？即要知道什么是定积分的元素法.

一、定积分的元素法

在本章第一节中已看到，求曲边梯形的面积A、物体做变速直线运动的路程s都可用定积分来表达．这些量具有如下的特征：第一，都是在某个区间上非均匀连续分布的量；第二，所求量对区间具有可加性，即分布在某区间上的量等于分布在各个子区间上的部分量之和．一般而言，凡用定积分描述的量都必须具备这些特征．

关于建立所求量的积分表达式，如求曲边梯形的面积A，要通过如下四个步骤得到．

①分割．将区间$[a,b]$任意分为n个子区间$[x_{i-1},x_i]$ $(i=1,2,\cdots,n)$，其中$x_0=a$，$x_n=b$.

②近似代替．在每个子区间$[x_{i-1}, x_i]$上任取一点ξ_i，求窄曲边梯形面积ΔA_i的近似值：

$$\Delta A_i \approx f(\xi_i)\Delta x_i$$

③求和．求曲边梯形面积的近似值：

$$A \approx \sum_{i=1}^{n} f(\xi_i)\Delta x_i$$

④取极限．求曲边梯形面积的准确值，令$\lambda=\max\{\Delta x_i\}\to 0$，

$$A=\lim_{\lambda\to 0}\sum_{i=1}^{n}f(\xi_i)\Delta x_i$$
$$=\int_a^b f(x)\,\mathrm{d}x$$

这是建立所求量积分表达式的基本方法，只是这里四个步骤繁琐，不便应用．但是注意到四个步骤是互相联系的，可以看到第二步近似代替，其形式$f(\xi_i)\Delta x_i$与第四步$\int_a^b f(x)\,\mathrm{d}x$的被积表达式$f(x)\,\mathrm{d}x$具有类似的形式，如果把第二步中的$\xi_i$用$x$替代，$\Delta x_i$用$\mathrm{d}x$替代，那么它就是第四步的被积表达式．于是上述四步就可简化成两步．

下面就一般情形给出一个简便的说法．

设某一实际问题所求量为U，它具备用定积分描述的两个特征，则其积分表达式可按如下两个步骤建立：

①根据问题的具体情况，选取一个积分变量，例如x，并确定它的变化区间$[a, b]$，在其上取子区间$[x, x+\mathrm{d}x]$，求出相应的部分量ΔU的近似值．如果ΔU能近似地表示为$[a, b]$上的一个连续函数在x处的值$f(x)$与$\mathrm{d}x$的乘积（这里ΔU与$f(x)\,\mathrm{d}x$相差一个比Δx高阶的无穷小），就把$f(x)\,\mathrm{d}x$称为量U的元素（或微元），记作$\mathrm{d}U$，即

$$\mathrm{d}U=f(x)\,\mathrm{d}x$$

②以U的元素$f(x)\,\mathrm{d}x$为被积表达式在$[a, b]$上积分，得

$$U=\int_a^b f(x)\,\mathrm{d}x \qquad (4-1)$$

这就是所求量U的积分表达式．这个方法通常叫做元素法（或微元法）．

上述两个步骤中，求出子区间$[x, x+\mathrm{d}x]$的部分量ΔU的近似值$\mathrm{d}U=f(x)\,\mathrm{d}x$（微元）是元素法的关键．它的合理性可由本章第二节定理1中：$\frac{\mathrm{d}}{\mathrm{d}x}\int_a^x f(t)\,\mathrm{d}t=f(x)\ (a\leqslant x\leqslant b)$来保证，因为由这个式子可得$\mathrm{d}\int_a^x f(t)\,\mathrm{d}t=f(x)\,\mathrm{d}x$，其中$U(x)=\int_a^x f(t)\,\mathrm{d}t$．于是有$\mathrm{d}U=\mathrm{d}U(x)=f(x)\,\mathrm{d}x$．如图5－10所示，图中有阴影的小矩形面积$\mathrm{d}U$就是所求量$U$的微分．

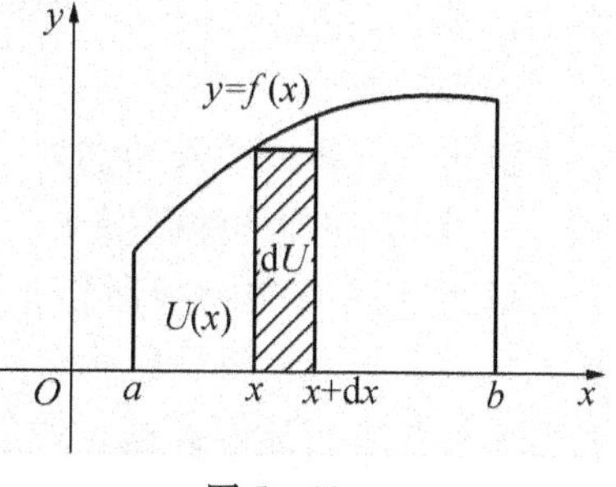

图5－10

二、定积分在几何中的应用举例

1. 平面图形的面积

在本章第一节中已经介绍，由曲线 $y=f(x)$（$f(x)\geqslant 0$）及直线 $x=a$，$x=b(a<b)$ 与 x 轴围成的曲边梯形面积 A 是定积分

$$A=\int_a^b f(x)\mathrm{d}x$$

其中被积表达式 $f(x)\mathrm{d}x$ 就是直角坐标下的面积元素，它表示高为 $f(x)$、底为 $\mathrm{d}x$ 的一个矩形面积.

例如，求由曲线 $y=f(x)$，$y=g(x)$ 与直线 $x=a$，$x=b$ 所围成的平面图形的面积．这里还假定 $f(x)\geqslant g(x)$，$x\in[a,b]$，且均为连续函数，如图 5－11 所示．

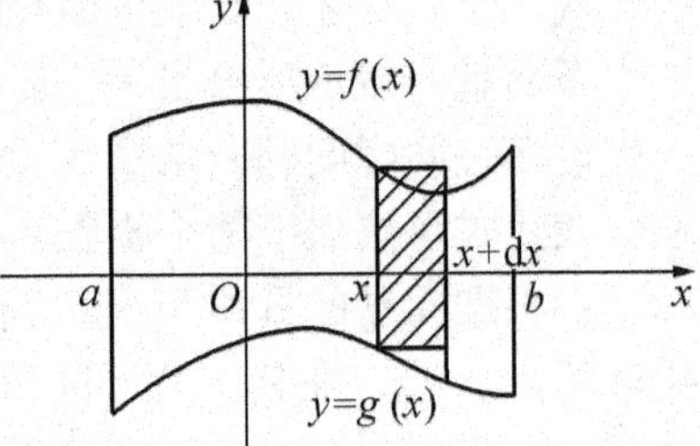

图 5－11

取横坐标 x 为积分变量，它的变化区间为 $[a,b]$，在 $[a,b]$ 上任一小区间 $[x,x+\mathrm{d}x]$. 相应于子区间上的窄条面积，用以 $f(x)-g(x)$ 为高、$\mathrm{d}x$ 为底的矩形面积近似代替，即面积微元记作 $\mathrm{d}A$（图 5－11 阴影部分），即

$$\mathrm{d}A=[f(x)-g(x)]\mathrm{d}x$$

以 $[f(x)-g(x)]\mathrm{d}x$ 为被积表达式，在区间 $[a,b]$ 上作定积分，可得所求面积

$$A=\int_a^b[f(x)-g(x)]\mathrm{d}x \qquad (4-2)$$

在公式(4－2)中，无论曲线 $y=f(x)$，$y=g(x)$ 在 x 轴的上方或下方都是成立的，只要求 $f(x)\geqslant g(x)$ 成立.

应用定积分不但可以计算曲边梯形的面积，还可以计算一些较复杂的平面图形的面积.

例 1 计算由两条抛物线：$y^2=x$，$y=x^2$ 所围成的图形的面积 A.

解 这两条抛物线所围成的图形如图 5－12 所示. 为了具体定出图形所在范围，先求出这两条抛物线的交点. 为此，解方程组

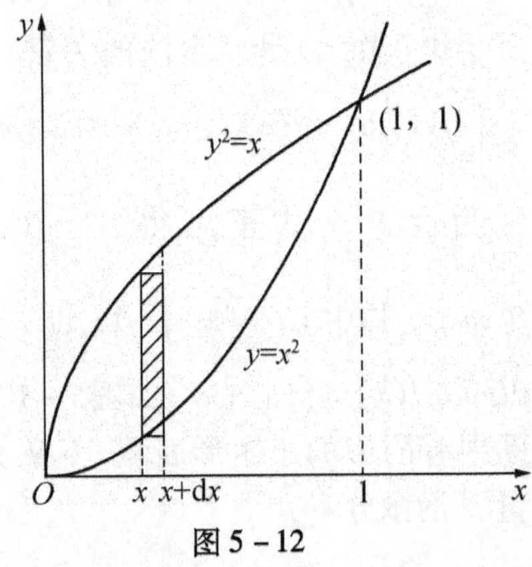

图 5－12

$$\begin{cases} y^2 = x \\ y = x^2 \end{cases}$$

得交点(0，0)及(1，1)，从而知道所围成的图形在直线 $x=0$ 与 $x=1$ 之间. 取横坐标 x 为积分变量，它的变化区间为[0，1]，相应于[0，1]上的任一小区间[x，$x+\mathrm{d}x$]，面积元素

$$\mathrm{d}A = (\sqrt{x} - x^2)\mathrm{d}x$$

于是

$$\begin{aligned} A &= \int_0^1 (\sqrt{x} - x^2)\mathrm{d}x \\ &= \left(\frac{2}{3}x^{\frac{3}{2}} - \frac{x^3}{3}\right)\Big|_0^1 \\ &= \frac{1}{3} \end{aligned}$$

例 2　求由 $y=\sin x$，$y=\cos x$，$x=0$，$x=\frac{\pi}{2}$所围平面图形的面积 A.

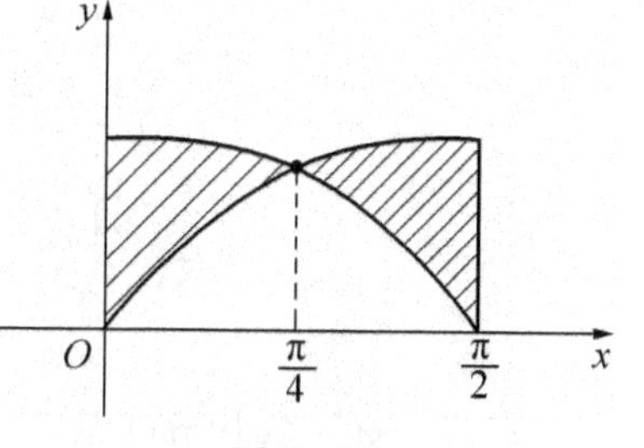

图 5－13

解　如图 5－13 所示，当 $x\in\left[0,\ \frac{\pi}{4}\right]$时，$\cos x \geqslant \sin x$；当 $x\in\left[\frac{\pi}{4},\ \frac{\pi}{2}\right]$时，$\sin x \geqslant \cos x$. 用公式(4－2)得面积

$$\begin{aligned} A &= \int_0^{\frac{\pi}{4}} (\cos x - \sin x)\mathrm{d}x + \int_{\frac{\pi}{4}}^{\frac{\pi}{2}} (\sin x - \cos x)\mathrm{d}x \\ &= (\sin x + \cos x)\Big|_0^{\frac{\pi}{4}} + (-\cos x - \sin x)\Big|_{\frac{\pi}{4}}^{\frac{\pi}{2}} \\ &= 2(\sqrt{2} - 1) \end{aligned}$$

类似地，设函数 $x=\varphi(y)$，$x=\psi(y)$在区间[c，d]上连续，且 $\psi(y)\leqslant\varphi(y)$，则由曲线$x=\varphi(y)$，$x=\psi(y)$及直线 $y=c$，$y=d$ ($c<d$)所围成的平面图形的面积 A(图 5－14)为

$$A = \int_c^d [\varphi(y) - \psi(y)]\mathrm{d}y \quad (4-3)$$

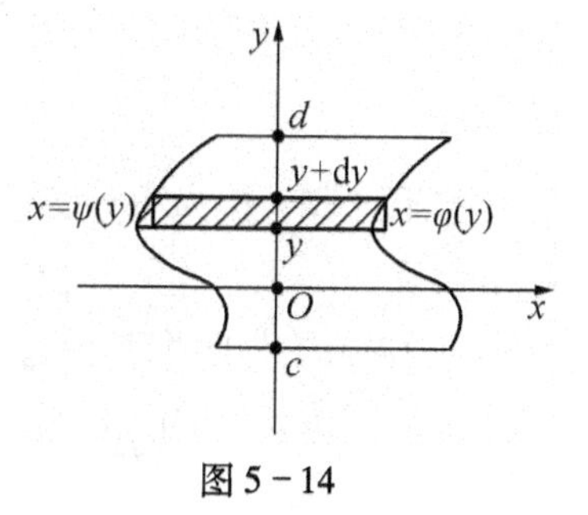

图 5－14

例 3　求抛物线 $x=y^2$ 与直线 $y=x-2$ 所围平面图形的面积 A.

解　如图 5－15 所示，为了定出这图形所在的范围，先求出所给抛物

线和直线的交点．解方程组

$$\begin{cases} y^2 = x \\ y = x - 2 \end{cases}$$

得交点 $A(1, -1)$，$B(4, 2)$．从而知道所围成的图形在直线 $y = -1$ 及 $y = 2$之间．

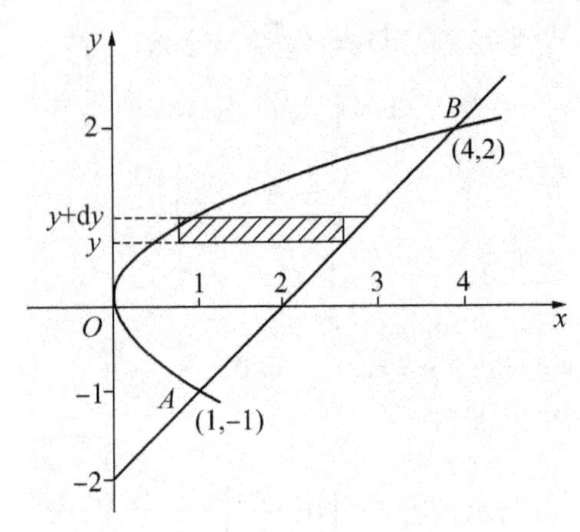

图5－15

取纵坐标 y 为积分变量，它的变化区间为$[-1, 2]$．相应于$[-1, 2]$上任一小区间$[y, y+\mathrm{d}y]$，面积元素为

$$\mathrm{d}A = [(y+2) - y^2]\mathrm{d}y$$

于是

$$\begin{aligned} A &= \int_{-1}^{2}[(y+2) - y^2]\mathrm{d}y \\ &= \left(\frac{y^2}{2} + 2y - \frac{y^3}{3}\right)\Bigg|_{-1}^{2} \\ &= \frac{9}{2} \end{aligned}$$

如果选取 x 作为积分变量，则当 x 在区间$[0, 1]$上变化时，面积微元 $\mathrm{d}A = [\sqrt{x} - (-\sqrt{x})]\mathrm{d}x$；而当 x 在$[1, 4]$上变化时，面积微元 $\mathrm{d}A = [\sqrt{x} - (x-2)]\mathrm{d}x$．于是所求面积为

$$\begin{aligned} A &= \int_{0}^{1}[\sqrt{x} - (-\sqrt{x})]\mathrm{d}x + \int_{1}^{4}[\sqrt{x} - (x-2)]\mathrm{d}x \\ &= \frac{9}{2} \end{aligned}$$

同样可以计算并得到相同的结果，但表达式较复杂．由此可见，积分变量

选择恰当，可使计算简捷.

例 4　求由曲线 $y=\ln x$，直线 $x=\frac{1}{\mathrm{e}}$，$x=2$ 及 x 轴所围成的图形的面积.

解　如图 5－16 所示，取 x 为积分变量，则有面积

$$\begin{aligned}A &= \int_{\frac{1}{\mathrm{e}}}^{1}(0-\ln x)\,\mathrm{d}x+\int_{1}^{2}\ln x\,\mathrm{d}x \\ &= (-x\ln x+x)\Big|_{\frac{1}{\mathrm{e}}}^{1}+(x\ln x-x)\Big|_{1}^{2} \\ &= 2\ln 2-\frac{2}{\mathrm{e}}\end{aligned}$$

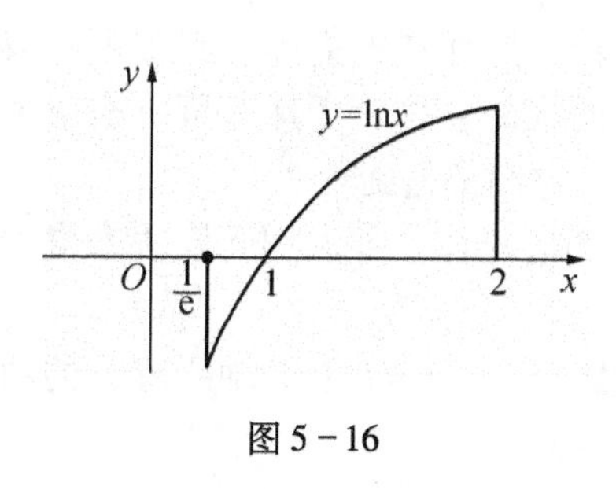

图 5－16

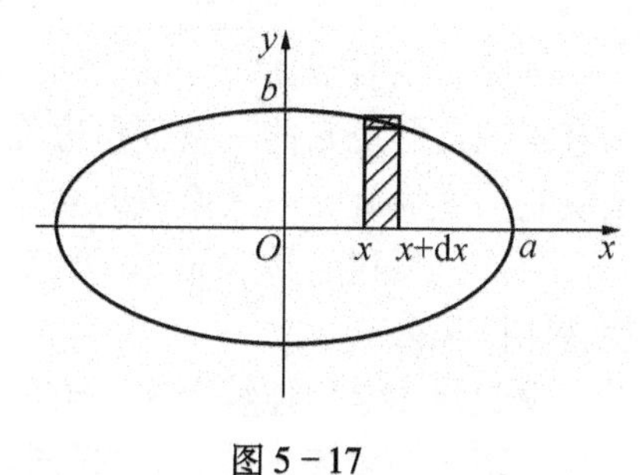

图 5－17

例 5　求椭圆 $\frac{x^2}{a^2}+\frac{y^2}{b^2}=1$ 所围成的图形的面积.

解　该椭圆关于两坐标轴都对称(图 5－17)，可知椭圆所围成的图形的面积

$$A=4\int_{0}^{a}y\,\mathrm{d}x$$

利用椭圆的参数方程

$$\begin{cases}x=a\cos t\\ y=b\sin t\end{cases}\quad\left(0\leqslant t\leqslant\frac{\pi}{2}\right)$$

应用定积分换元法，$x=a\cos t$，$y=b\sin t$，则 $\mathrm{d}x=-a\sin t\mathrm{d}t$. 当 x 由 0 变到 a 时，t 由 $\frac{\pi}{2}$ 变到 0，所以

$$\begin{aligned}A &= 4\int_{\frac{\pi}{2}}^{0}b\sin t(-a\sin t)\,\mathrm{d}t \\ &= 4ab\int_{0}^{\frac{\pi}{2}}\sin^2 t\,\mathrm{d}t\end{aligned}$$

$$= 4ab\int_{0}^{\frac{\pi}{2}} \frac{1}{2}(1 - \cos 2t)\,dt$$

$$= 4ab\left(\frac{1}{2}t - \frac{1}{4}\sin 2t\right)\Big|_{0}^{\frac{\pi}{2}}$$

$$= \pi ab$$

当 $a=b$ 时，就得到大家所熟悉的圆面积的公式 $A=\pi a^2$.

2. 旋转体的体积

由一个平面图形绕其所在平面内一条直线旋转一周而成的立体称为旋转体. 该直线称为旋转轴.

圆柱可以看成由矩形绕它的一条边旋转一周而成的立体，圆锥可看成由直角三角形绕它的一条直角边旋转一周而成的立体，而球体可看成由半圆绕它的直径旋转一周而成的立体……所以它们都是旋转体.

下面主要讨论以 x 轴和 y 轴为旋转轴的旋转体，并利用元素法来推导旋转体体积公式.

设旋转体是由连续曲线 $y=f(x)$，直线 $x=a$，$x=b$ 及 x 轴所围成的曲边梯形绕 x 轴旋转一周而成的(图 5 - 18).

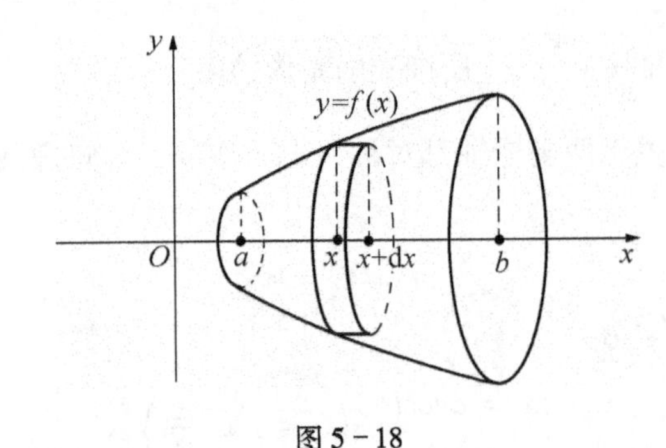

图 5 - 18

取 x 为积分变量，它的变化区间为 $[a, b]$，相应于 $[a, b]$ 上的任一小区间 $[x, x+dx]$ 的窄曲边梯形绕 x 轴旋转而成的薄片的体积近似于以 $f(x)$ 为底半径、dx 为高的扁圆柱体的体积(图 5 - 18)，即体积元素

$$dV = \pi[f(x)]^2 dx$$

以 $\pi[f(x)]^2 dx$ 为被积表达式，在 $[a, b]$ 上积分，便得所求旋转体体积

$$V = \int_{a}^{b} \pi[f(x)]^2 dx \qquad (4-4)$$

例 6　求由椭圆

$$\frac{x^2}{a^2}+\frac{y^2}{b^2}=1$$

所围成的图形绕 x 轴旋转一周而成的旋转体(叫做旋转椭球体)的体积.

解　这个旋转椭球体也可以看作由上半椭圆 $y=\frac{b}{a}\sqrt{a^2-x^2}$ 及 x 轴所围成的图形绕 x 轴旋转一周而成的立体.

取 x 为积分变量，它的变化区间为 $[-a, a]$. 相应于该区间上任一小区间 $[x, x+\mathrm{d}x]$ 的薄片体积近似于底半径为 $\frac{b}{a}\sqrt{a^2-x^2}$、高为 $\mathrm{d}x$ 的扁圆柱的体积(图 5-19)，即体积微元

$$\mathrm{d}V=\pi\frac{b^2}{a^2}(a^2-x^2)\mathrm{d}x$$

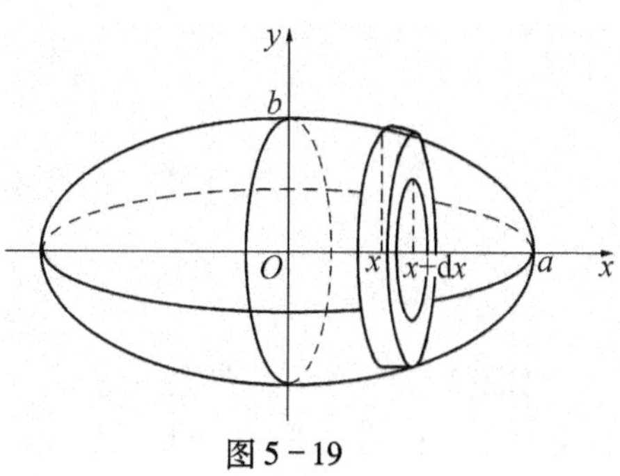

图 5-19

故所求旋转椭球体的体积

$$\begin{aligned}V&=\int_{-a}^{a}\pi\frac{b^2}{a^2}(a^2-x^2)\mathrm{d}x\\&=2\pi\frac{b^2}{a^2}\int_0^a(a^2-x^2)\mathrm{d}x\\&=2\pi\frac{b^2}{a^2}\left(a^2x-\frac{x^3}{3}\right)\Big|_0^a\\&=\frac{4}{3}\pi ab^2\end{aligned}$$

当 $a=b=R$ 时，可得半径为 R 的球体的体积

$$V=\frac{4}{3}\pi R^3$$

用上述类似的方法可以推出如下结论:

由连续曲线 $x=\varphi(y)$，直线 $y=c$，$y=d$ $(c<d)$ 与 y 轴所围成的曲边梯形绕 y 轴旋转一周而成的旋转体(图 5-20)的体积

$$V=\int_c^d\pi[\varphi(y)]^2\mathrm{d}y\qquad(4-5)$$

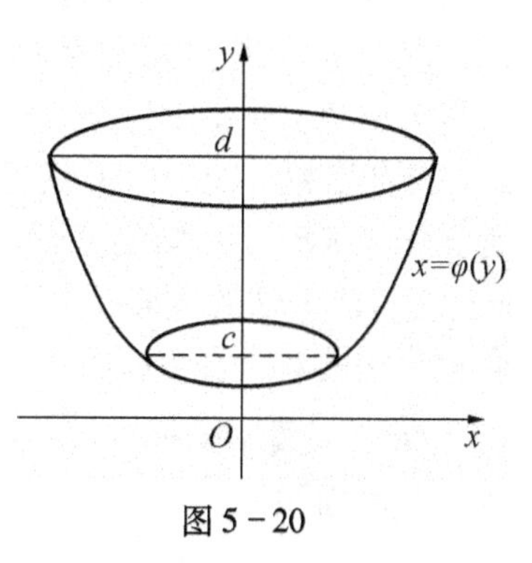

图 5-20

3. 平行截面面积为已知的立体的体积

如果一个立体不是旋转体，但却知道该立体上垂直于一定轴的各个截面的面积，那么这个立体的体积也可用定积分计算．

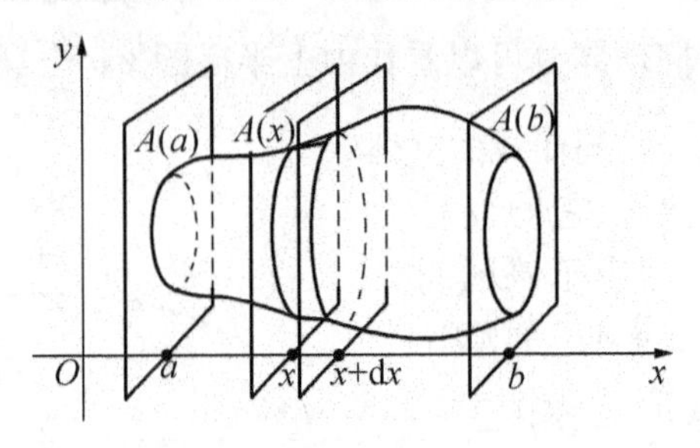

图 5－21

如图 5－21 所示，取上述定轴为 x 轴，并设该立体在过点 $x=a$，$x=b$ 且垂直于 x 轴的两平面之间．以 $A(x)$ 表示过点 x 且垂直于 x 轴的截面．假定 $A(x)$ 是 x 的连续函数，取 x 为积分变量，其变化区间为 $[a, b]$．相应于该区间上任意一小区间 $[x, x+\mathrm{d}x]$ 的薄片的体积近似等于以 $A(x)$ 为底、$\mathrm{d}x$ 为高的柱体体积，即立体体积 V 的微元为

$$\mathrm{d}V = A(x)\,\mathrm{d}x$$

在 $[a, b]$ 上积分，得所求体积

$$V = \int_a^b A(x)\,\mathrm{d}x \tag{4-6}$$

例 7 一平面经过半径为 R 的圆柱体的底圆中心，并与底面相交成角 α，如图 5－22 所示．试计算这平面截圆柱体所得立体的体积．

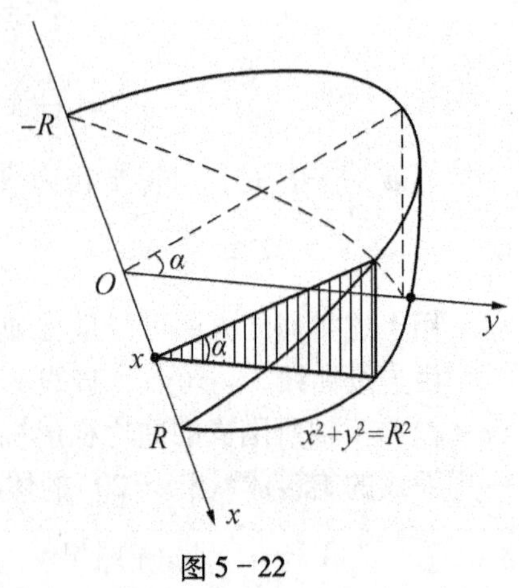

图 5－22

解 取这平面与圆柱体底面的交线为 x 轴，底面上过圆心且垂直于 x 轴的直线为 y 轴．于是底圆的方程为 $x^2+y^2=R^2$．立体中过 x 轴上的点 x 且垂直于 x 轴的截面是一个直角三角形．它的两条直角边的边长分别为 $y=\sqrt{R^2-x^2}$ 及 $y\tan\alpha=\sqrt{R^2-x^2}\tan\alpha$．因而截面面积

$$A(x) = \frac{1}{2}(R^2 - x^2)\tan\alpha$$

于是所求立体体积

$$V = \int_{-R}^{R} \frac{1}{2}(R^2 - x^2)\tan\alpha \mathrm{d}x$$

$$= \frac{1}{2}\tan\alpha\left(R^2x - \frac{1}{3}x^3\right)\Big|_{-R}^{R}$$

$$= \frac{2}{3}R^3\tan\alpha$$

三、经济应用问题举例

1. 由边际函数求原经济函数

由第二章中的边际分析知，对一已知的经济函数 $F(x)$（如需求函数 $Q(x)$、总成本函数 $C(x)$、总收益函数 $R(x)$ 及利润函数 $L(x)$ 等），它的边际函数就是它的导函数 $F'(x)$.

作为导数（或微分）的逆运算，若已知边际函数 $F'(x)$ 求不定积分，就可求得原经济函数

$$F(x) = \int F'(x)\mathrm{d}x$$

其中所含积分常数 C 可由经济函数的具体条件确定.

也可以用牛顿－莱布尼茨公式

$$\int_0^x F'(x)\mathrm{d}x = F(x) - F(0)$$

求得原经济函数

$$F(x) = \int_0^x F'(t)\mathrm{d}t + F(0)$$

还可求出原经济函数从 a 到 b 的变化值（或增量）

$$F(b) - F(a) = \int_a^b F'(x)\mathrm{d}x$$

例8 已知某企业生产某产品总产量的变化率为

$$\frac{\mathrm{d}Q}{\mathrm{d}t}=40+12t-\frac{3}{2}t^2 \quad (单位/天)$$

求从第2天到第10天产品的总产量.

解 所求的总产量为

$$\begin{aligned}Q&=\int_2^{10}\frac{\mathrm{d}Q}{\mathrm{d}t}\mathrm{d}t\\&=\int_2^{10}\left(40+12t-\frac{3}{2}t^2\right)\mathrm{d}t\\&=\left(40t+6t^2-\frac{1}{2}t^3\right)\Big|_2^{10}\\&=400(单位)\end{aligned}$$

例9 已知生产某商品 x 单位时，边际收益为

$$R'(x)=200-\frac{x}{50}(元/单位)$$

试求生产 x 单位时的总收益函数 $R(x)$ 及平均收益 $\bar{R}(x)$，并求生产这种产品2000单位时的总收益及平均收益.

解 因为总收益是边际收益函数在[0, x]上的定积分，所以生产 x 单位时的总收益为

$$\begin{aligned}R(x)&=\int_0^x\left(200-\frac{t}{50}\right)\mathrm{d}t\\&=\left(200t-\frac{t^2}{100}\right)\Big|_0^x\\&=200x-\frac{x^2}{100}\end{aligned}$$

则平均收益

$$\bar{R}(x)=\frac{R(x)}{x}=200-\frac{x}{100}$$

当生产2000单位时，总收益为

$$\begin{aligned}R(2\,000)&=400\,000-\frac{(2\,000)^2}{100}\\&=360\,000(元)\end{aligned}$$

平均收益为

$$\bar{R}(2000)=\frac{360\,000}{2\,000}=180(元)$$

2. 由边际函数求解最优化问题

例 10　设某产品的边际成本函数为

$$C'(x)=4+\frac{x}{4}\quad(\text{万元/万台})$$

边际收入函数为

$$R'(x)=9-x\quad(\text{万元/万台})$$

其中产量 x 以万台为单位.

(1)求当产量由 4 万台增到 5 万台时的利润增量;

(2)求产量为多少时，利润最大;

(3)当固定成本为 1 万元时，求总成本函数和利润函数.

解　(1)先求出边际利润

$$\begin{aligned}L'(x)&=R'(x)-C'(x)\\&=(9-x)-\left(4+\frac{x}{4}\right)\\&=5-\frac{5}{4}x\end{aligned}$$

再由增量公式，得

$$\begin{aligned}\Delta L&=L(5)-L(4)\\&=\int_4^5 L'(x)\,\mathrm{d}x\\&=\int_4^5\left(5-\frac{5}{4}x\right)\mathrm{d}x\\&=-\frac{5}{8}(\text{万元})\end{aligned}$$

故在生产 4 万台的基础上再生产 1 万台，其利润不但未增加，反而减少了.

(2)令 $L'(x)=0$，可解得唯一驻点 $x=4$(万台)，且 $L''(4)<0$. 即产量为 4 万台时利润最大. 由此结果也可得问题(1)中利润减少的原因.

(3)总成本函数

$$\begin{aligned}C(x)&=\int_0^x C'(t)\,\mathrm{d}t+C(0)\\&=\int_0^x\left(4+\frac{t}{4}\right)\mathrm{d}t+1\\&=\frac{1}{8}x^2+4x+1\end{aligned}$$

总利润函数

$$
\begin{aligned}
L(x) &= \int_0^x L'(t)\mathrm{d}t - C(0) \\
&= \int_0^x \left(5 - \frac{5}{4}t\right)\mathrm{d}t - 1 \\
&= 5x - \frac{5}{8}x^2 - 1
\end{aligned}
$$

习题 5－4

1. 求由下列各组曲线所围成的图形的面积：

(1) $y=x^2$，$x=2$，$x=4$ 及 x 轴；

(2) $y=x^2-1\ \left(-1\leqslant x\leqslant\frac{1}{2}\right)$ 与直线 $x=\frac{1}{2}$ 及 x 轴；

(3) $y=\frac{1}{x}$ 与直线 $y=x$ 及 $x=2$；

(4) $y=3-x^2$ 及 $y=2x$；

(5) $y=\cos x$ 与直线 $y=2$，$x=\frac{\pi}{2}$ 及 y 轴；

(6) $y=\ln x$，y 轴与直线 $y=\ln 2$，$y=\ln 5$.

2. 求由曲线 $xy=a(a>0)$ 与直线 $x=a$，$x=2a$ 及 x 轴所围图形绕 x 轴旋转所得旋转体的体积.

3. 求由曲线 $y=\sin x$，$y=\cos x\ \left(0\leqslant x\leqslant\frac{\pi}{4}\right)$ 及 y 轴所围图形绕 x 轴旋转所得旋转体的体积.

4. 求由曲线 $y=\mathrm{e}^x$，直线 $y=\mathrm{e}$ 及 $x=0$ 所围图形绕 x 轴旋转所得旋转体的体积.

5. 求由抛物线 $y^2=4x$ 及直线 $x=4$ 所围成图形绕 x 轴旋转所得旋转体的体积.

6. 求曲线 $y=\sqrt{x}$ 与直线 $x=1$，$x=4$ 及 x 轴所围成的图形分别绕 x 轴和 y 轴旋转所得的旋转体的体积.

7. 某公司生产某产品的边际成本函数为

$$
C'(x) = 3x^2 - 14x + 100
$$

固定成本 $C(0)=10\,000$，求生产 x 个产品的总成本函数.

8. 某地区当消费者个人收入为 x 时，消费支出 $w(x)$ 的变化率 $w'(x)=$

$\frac{15}{\sqrt{x}}$. 当个人收入由1600增加到2500时，问消费支出增加多少？

9. 某产品的总成本C(万元)的边际成本$C'=1$，总收益R(万元)的边际收益为产量x的函数$R'(x)=5-x$(万元/百台).

(1)求产量等于多少时，总利润$L=R-C$最大；

(2)当达到利润最大的产量后又多生产1百台，这时总利润减少了多少？

第五节　广义积分

前面讨论的定积分$\int_a^b f(x)\,\mathrm{d}x$，其积分区间必须是有限的，且被积函数$f(x)$在该区间上是连续的，或有有限个第一类间断点．这种积分通常称为常义积分．但在实际问题中，还会遇到无穷区间上的积分，以及被积函数在积分区间有无穷间断点的情况．要解决这类积分的计算问题，就需要将常义积分的概念加以推广，从而形成广义积分的概念．下面分两种情况讨论：

一、无穷区间的广义积分

例1　求由曲线$y=\frac{1}{x^2}$，直线$x=1$及x轴所围图形的面积(图5-23).

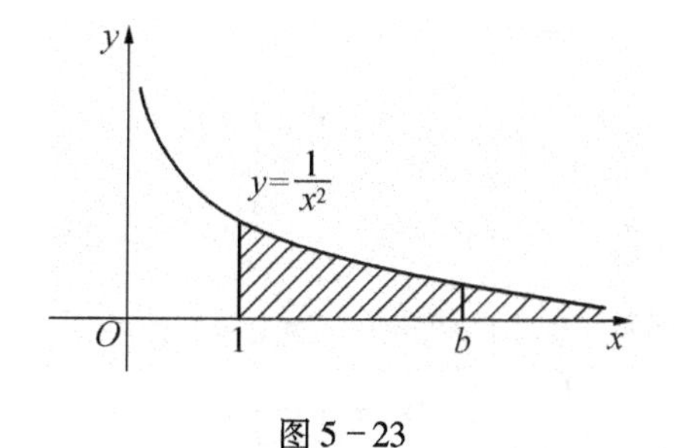

图5-23

解　函数$y=\frac{1}{x^2}$在无穷区间$[1,+\infty)$内是连续的．从几何上看，所围图形向右无限延伸．可以设想，所求图形面积

$$A=\int_1^{+\infty}\frac{1}{x^2}\mathrm{d}x$$

然而，这个积分不是通常意义的定积分.

下面利用已有的变上限积分及函数极限的概念，将有限区间的定积分推广到无穷区间上去.

任取实数 $b>1$，在有限区间 $[1, b]$ 上，可求得以 $y=\frac{1}{x^2}$ 为曲边的曲边梯形面积为

$$\begin{aligned}\int_1^b \frac{1}{x^2}\mathrm{d}x &= -\frac{1}{x}\Big|_1^b \\ &= 1-\frac{1}{b}\end{aligned}$$

如图5-23所示. 显然，当 $b\to+\infty$ 时，这个曲边梯形面积的极限就是原所求图形面积的精确值. 即

$$\begin{aligned}A &= \lim_{b\to+\infty}\int_1^b \frac{1}{x^2}\mathrm{d}x \\ &= \lim_{b\to+\infty}\left(1-\frac{1}{b}\right)=1\end{aligned}$$

把 $\lim\limits_{b\to+\infty}\int_1^b \frac{1}{x^2}\mathrm{d}x$ 的形式写成 $\int_1^{+\infty}\frac{1}{x^2}\mathrm{d}x$，就是无穷区间上的广义积分.

定义1 设函数 $f(x)$ 在区间 $[a, +\infty)$ 上连续. 取 $b>a$，极限 $\lim\limits_{b\to+\infty}\int_a^b f(x)\mathrm{d}x$ 称为 $f(x)$ 在无穷区间 $[a, +\infty)$ 上的广义积分，记作 $\int_a^{+\infty} f(x)\mathrm{d}x$，即

$$\int_a^{+\infty} f(x)\mathrm{d}x = \lim_{b\to+\infty}\int_a^b f(x)\mathrm{d}x \tag{5-1}$$

若上式右端的极限存在，则称广义积分 $\int_a^{+\infty} f(x)\mathrm{d}x$ 收敛，否则称其发散.

类似地，定义函数 $f(x)$ 在区间 $(-\infty, b]$ 上的广义积分（取 $a<b$）为

$$\int_{-\infty}^b f(x)\mathrm{d}x = \lim_{a\to-\infty}\int_a^b f(x)\mathrm{d}x \tag{5-2}$$

若上式右端的极限存在，则称广义积分 $\int_{-\infty}^b f(x)\mathrm{d}x$ 收敛，否则称其发散.

函数 $f(x)$ 在 $(-\infty, +\infty)$ 上的广义积分定义为

$$\int_{-\infty}^{+\infty} f(x)\mathrm{d}x = \lim_{a\to-\infty}\int_a^c f(x)\mathrm{d}x + \lim_{b\to+\infty}\int_c^b f(x)\mathrm{d}x \tag{5-3}$$

式中，c 为任意介于 a，b 之间的实数. a 与 b 各自独立地趋向于无穷大，且

仅当右端两个极限都存在时，称此广义积分收敛，否则称其发散.

无穷区间上的广义积分也称为无穷积分或无穷限的反常积分.

例2　计算广义积分$\int_0^{+\infty} e^{-2x}dx$.

解　对任意实数$b>0$，有

$$\int_0^b e^{-2x}dx = -\frac{1}{2}\int_0^b e^{-2x}d(-2x) = -\frac{1}{2}e^{-2x}\Big|_0^b = \frac{1}{2}-\frac{1}{2}e^{-2b}$$

于是

$$\int_0^{+\infty} e^{-2x}dx = \lim_{b\to+\infty}\int_0^b e^{-2x}dx = \lim_{b\to+\infty}\left(\frac{1}{2}-\frac{1}{2}e^{-2b}\right) = \frac{1}{2}$$

当理解了广义积分的实质后，为了书写方便，在计算过程中可不写极限符号，用记号$F(x)\Big|_a^{+\infty}$表示$\lim\limits_{b\to+\infty}[F(x)-F(a)]$. 如

$$\int_1^{+\infty}\frac{1}{x^2}dx = -\frac{1}{x}\Big|_1^{+\infty} = 0-(-1) = 1$$

$$\int_0^{+\infty} e^{-2x}dx = -\frac{1}{2}\int_0^{+\infty} e^{-2x}d(-2x) = -\frac{1}{2}e^{-2x}\Big|_0^{+\infty} = -\frac{1}{2}(0-1) = \frac{1}{2}$$

例3　证明广义积分$\int_1^{+\infty}\frac{1}{x^p}dx$当$p>1$时收敛，当$p\leqslant 1$时发散.

证　当$p\neq 1$时，

$$\int_1^{+\infty}\frac{1}{x^p}dx = \frac{x^{1-p}}{1-p}\Big|_1^{+\infty} = \begin{cases} +\infty & (p<1) \\ \dfrac{1}{p-1} & (p>1) \end{cases}$$

当 $p=1$ 时

$$\int_1^{+\infty}\frac{1}{x^p}\mathrm{d}x=\int_1^{+\infty}\frac{1}{x}\mathrm{d}x$$
$$=\ln x\Big|_1^{+\infty}$$
$$=+\infty$$

因此，当 $p>1$ 时，此广义积分值为 $\frac{1}{p-1}$，收敛；当 $p\leqslant 1$ 时，此广义积分发散.

例4 计算广义积分 $\int_{-\infty}^{+\infty}\frac{1}{1+x^2}\mathrm{d}x$.

解
$$\int_{-\infty}^{+\infty}\frac{1}{1+x^2}\mathrm{d}x=\int_{-\infty}^{0}\frac{1}{1+x^2}\mathrm{d}x+\int_{0}^{+\infty}\frac{1}{1+x^2}\mathrm{d}x$$
$$=\arctan x\Big|_{-\infty}^{0}+\arctan x\Big|_{0}^{+\infty}$$
$$=\left[0-\left(-\frac{\pi}{2}\right)\right]+\left(\frac{\pi}{2}-0\right)=\pi$$

或
$$\int_{-\infty}^{+\infty}\frac{1}{1+x^2}\mathrm{d}x=\arctan x\Big|_{-\infty}^{+\infty}$$
$$=\frac{\pi}{2}-\left(-\frac{\pi}{2}\right)=\pi$$

这个广义积分的几何意义是：当 $a\to-\infty$，$b\to+\infty$ 时，虽然图5－24中阴影部分向左、向右无限延伸，但其面积却有极限值 π. 这就是说，位于曲线 $y=\frac{1}{1+x^2}$ 下方、x 轴上方的图形面积是 π.

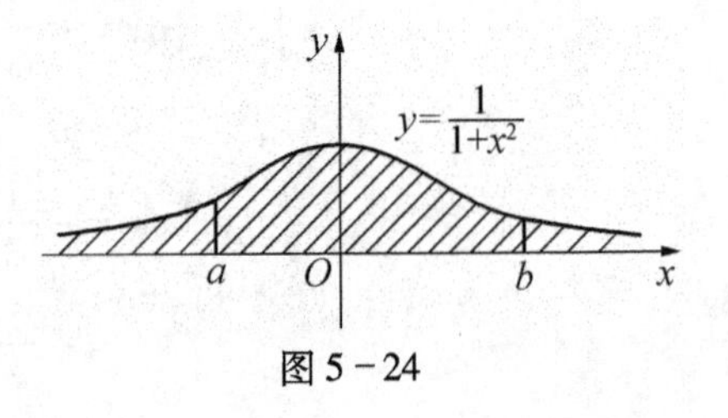

图5－24

二、无界函数的广义积分

另一类广义积分，就是积分区间是有限的，但被积函数在此区间上无界，即被积函数在区间的某些点处没有定义，且在这些点的邻域内无界，称为无界函数的广义积分，也称为瑕积分（无界函数的间断点也称为瑕点）.

例5 求曲线 $y=\frac{1}{\sqrt{x}}$ 与 y 轴、x 轴及直线 $x=1$ 所围图形的面积（图

5－25).

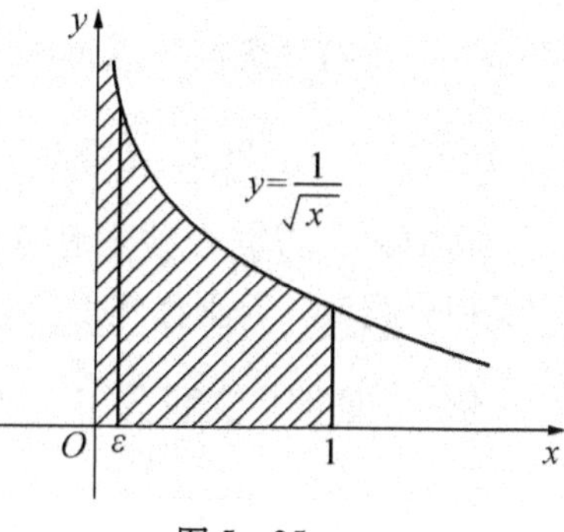

图 5－25

解　函数$y=\frac{1}{\sqrt{x}}$在(0，1]内连续，但无界．当$x\to0^+$时，$y=\frac{1}{\sqrt{x}}\to+\infty$，从几何上看这个图形向上无限延伸．

如果任取一个很小的正数$\varepsilon(0<\varepsilon<1)$，则$y=\frac{1}{\sqrt{x}}$在$[\varepsilon,1]$上可积，并且图形在直线$x=\varepsilon$右侧的面积$A(\varepsilon)$可以表示为

$$A(\varepsilon)=\int_{\varepsilon}^{1}\frac{1}{\sqrt{x}}\mathrm{d}x$$

$$=2\sqrt{x}\Big|_{\varepsilon}^{1}=2(1-\sqrt{\varepsilon})$$

如图 5－25 所示．当$\varepsilon\to0^+$时，面积$A(\varepsilon)$的极限

$$A=\lim_{\varepsilon\to0^+}A(\varepsilon)$$

$$=\lim_{\varepsilon\to0^+}2(1-\sqrt{\varepsilon})=2$$

可以把

$$A=\lim_{\varepsilon\to0^+}\int_{\varepsilon}^{1}\frac{1}{\sqrt{x}}\mathrm{d}x$$

写成

$$A=\int_{0}^{1}\frac{1}{\sqrt{x}}\mathrm{d}x$$

这就是无界函数的广义积分．

定义 2　设函数$f(x)$在$(a,b]$上连续，点a为间断点，且$\lim\limits_{x\to a^+}f(x)=\infty$，极限$\lim\limits_{\varepsilon\to0^+}\int_{a+\varepsilon}^{b}f(x)\mathrm{d}x(\varepsilon>0)$为无界函数$f(x)$在$[a,b]$上的广义积分，记作

$$\int_{a}^{b}f(x)\mathrm{d}x=\lim_{\varepsilon\to0^+}\int_{a+\varepsilon}^{b}f(x)\mathrm{d}x\quad(\varepsilon>0)\tag{5-4}$$

若等式右端的极限存在，则称此无界函数的广义积分收敛，否则称其发散．

类似地，可以定义$f(x)$在$[a,b)$上当$x\to b^-$时$f(x)\to\infty$，

$$\int_{a}^{b}f(x)\mathrm{d}x=\lim_{\varepsilon\to0^+}\int_{a}^{b-\varepsilon}f(x)\mathrm{d}x\quad(\varepsilon>0)\tag{5-5}$$

若等式右端的极限存在，则称此无界函数的广义积分收敛，否则称其发散.在$[a, b]$上有无穷间断点$x=c$的无界函数$f(x)$的广义积分定义为

$$\int_a^b f(x)\mathrm{d}x = \lim_{\varepsilon_1\to 0^+}\int_a^{c-\varepsilon_1} f(x)\mathrm{d}x + \lim_{\varepsilon_2\to 0^+}\int_{c+\varepsilon_2}^b f(x)\mathrm{d}x \quad (\varepsilon_1, \varepsilon_2 > 0) \quad (5-6)$$

其中ε_1，ε_2各自独立地趋于0，仅当右端的两个极限都存在时，称此广义积分收敛，否则称其发散.

例6 证明广义积分$\int_0^1 \frac{1}{x^q}\mathrm{d}x$当$q<1$时收敛，当$q\geqslant 1$时发散.

证 当$q=1$时，

$$\begin{aligned}\int_0^1 \frac{1}{x}\mathrm{d}x &= \lim_{\varepsilon\to 0^+}\int_{0+\varepsilon}^1 \frac{1}{x}\mathrm{d}x \\ &= \lim_{\varepsilon\to 0^+}\ln|x|\Big|_\varepsilon^1 \\ &= \lim_{\varepsilon\to 0^+}(0-\ln\varepsilon) = +\infty\end{aligned}$$

当$q\neq 1$时

$$\begin{aligned}\int_0^1 \frac{1}{x^q}\mathrm{d}x &= \lim_{\varepsilon\to 0^+}\int_{0+\varepsilon}^1 \frac{1}{x^q}\mathrm{d}x \\ &= \lim_{\varepsilon\to 0^+}\frac{x^{1-q}}{1-q}\Big|_\varepsilon^1 \\ &= \lim_{\varepsilon\to 0^+}\left(\frac{1}{1-q}-\frac{\varepsilon^{1-q}}{1-q}\right) \\ &= \begin{cases}\dfrac{1}{1-q} & (q<1) \\ +\infty & (q>1)\end{cases}\end{aligned}$$

所以，当$q<1$时，此广义积分值为$\frac{1}{1-q}$，收敛；当$q\geqslant 1$时，此广义积分发散.

习题 5 - 5

1. 下列广义积分发散的是　　　　　　　　　　　　　　　　　　　　　(　　)

A. $\int_{1}^{+\infty}\frac{dx}{x}$　　　B. $\int_{1}^{+\infty}\frac{dx}{x^2}$　　　C. $\int_{1}^{+\infty}\frac{dx}{x\sqrt{x}}$　　　D. $\int_{1}^{+\infty}\frac{dx}{x^2\sqrt{x}}$

2. 下列广义积分收敛的是　　　　　　　　　　　　　　　　　　　　　(　　)

A. $\int_{1}^{+\infty}\frac{dx}{x^4}$　　　B. $\int_{0}^{1}\frac{dx}{x^4}$　　　C. $\int_{1}^{+\infty}\frac{dx}{\sqrt[3]{x}}$　　　D. $\int_{0}^{1}\frac{dx}{\sqrt{x^3}}$

3. 判定下列各广义积分的敛散性．如果收敛，计算广义积分的值：

(1) $\int_{0}^{+\infty}e^{-x}dx$;　　　　(2) $\int_{0}^{+\infty}\frac{dx}{1+x^2}$;

(3) $\int_{0}^{+\infty}xe^{-x}dx$;　　　　(4) $\int_{e}^{+\infty}\frac{1}{x\ln x}dx$.

4. 判定广义积分 $\int_{-\infty}^{+\infty}\frac{x}{\sqrt{1+x^2}}dx$ 的敛散性．

5. 求曲线 $y=e^{-x}$ 与直线 $y=0$ 之间位于第一象限内的平面图形绕 x 轴旋转而成的旋转体的体积．

第五章复习题

一、填空题

1. 若 $\int_{0}^{1}(2x+k)dx=0$，则常数 $k=$____________.

2. $\int_{0}^{x}(e^{t^2})'dt=$ ____________.

3. 广义积分 $\int_{1}^{+\infty}xe^{-x^2}dx=$ ____________.

二、选择题

1. 设 $f(x)=\int_{0}^{x}\sin\sqrt{t}dt$，则 $f'\left(\frac{\pi^2}{4}\right)=$　　　　　　　　　　　　(　　)

A. 0　　　B. 1　　　C. -1　　　D. $\frac{\sqrt{2}}{2}$

2. $\frac{d}{dx}\int_a^x f(2t)dt =$ （　　）

A. $2f(2x)$　　B. $f(2x)$　　C. $\frac{1}{2}f(2x)$　　D. $f(x)$

3. 下列积分为0的是 （　　）

A. $\int_{-\frac{\pi}{2}}^{\frac{\pi}{2}} \sin^2 x dx$　　B. $\int_{-1}^{1} x\sin x dx$

C. $\int_{-1}^{1} \frac{x}{1+\cos x} dx$　　D. $\int_{-1}^{2} x dx$

三、计算题

计算下列积分：

1. $\int_1^4 \frac{x+2}{\sqrt{x}} dx$；　　2. $\int_0^{\pi} \sin\frac{x}{6} dx$；

3. $\int_1^e \frac{\ln x}{x} dx$；　　4. $\int_0^4 \frac{1}{1+\sqrt{x}} dx$；

5. $\int_0^1 x\cos\pi x dx$；　　6. $\int_0^1 e^{\sqrt{2x+1}} dx$；

7. $\int_{-\frac{\pi}{2}}^{\frac{\pi}{2}} \left(\cos x + \frac{x^3}{1+x^2}\right) dx$；　　8. $\int_1^{+\infty} \frac{dx}{x^5}$.

四、应用题

1. 求由曲线 $y=\frac{\ln x}{\sqrt{x}}$，x 轴及直线 $x=e^2$ 所围平面图形的面积.

2. 由 $y=x^3$，$x=2$，$y=0$ 所围成的图形，分别绕 x 轴及 y 轴旋转，计算所得两个旋转体的体积.

3. 在区间 $\left[0,\frac{\pi}{2}\right]$ 上给出函数 $y=\sin x$，如图5－26所示．问 t 为何值时，图中阴影部分的面积 A_1 与 A_2 之和最小.

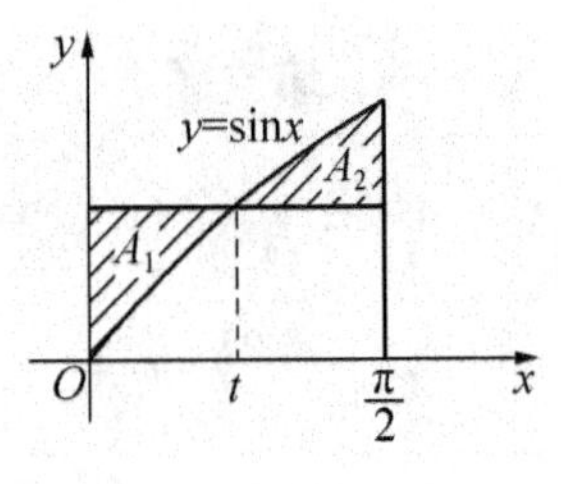

图5－26

4. 设某产品总产量 $Q(t)$ 的变化率

$$Q'(t) = 70 + 25t - \frac{3}{2}t^2 \text{（件/天）}$$

（1）求总产量函数；

（2）求本月中旬（第11天至第20天）的总产量.

5. 设某产品每月生产 x 件时总费用的变化率是

$$f(x)=0.6x-300(\text{元/件})$$

固定费用 $F(0)=1\,000$(元). 求总费用函数. 若这种产品的销售单价是600元，求总利润函数 $L(x)$. 每月生产多少件时才能获得最大利润?

第六章　微分方程

上册第四章学过，已知一个函数的导函数，怎样找出原来的函数. 这是求原函数或不定积分问题. 但是在自然科学和工程技术上常会碰到比这更复杂的问题，就是要建立未知函数及其导数(或微分)的关系式，并求出这个未知函数. 这就是微分方程问题，它是微积分学的发展.

本章主要介绍微分方程的一些基本概念和几种较简单的微分方程的解法.

第一节　微分方程的基本概念

一、引例

例1　一曲线通过点(2，5)，且该曲线任一点$(x,\ y)$处的切线的斜率为$2x$，求该曲线的方程.

解　设所求曲线的方程是$y=y(x)$. 根据导数的几何意义，可知未知函数$y=y(x)$满足关系式

$$\frac{dy}{dx}=2x$$

此外，未知函数$y=y(x)$还应满足条件$y|_{x=2}=5$.

对$\frac{dy}{dx}=2x$两端积分，得$y=\int 2x dx$，即

$$y=x^2+c$$

将条件$y|_{x=2}=5$代入上式得$c=1$. 即所求曲线方程为

$$y=x^2+1$$

$y=x^2+c$的图形是一簇积分曲线，而$y=x^2+1$是过点(2，5)的一条积分曲线，如图6－1所示.

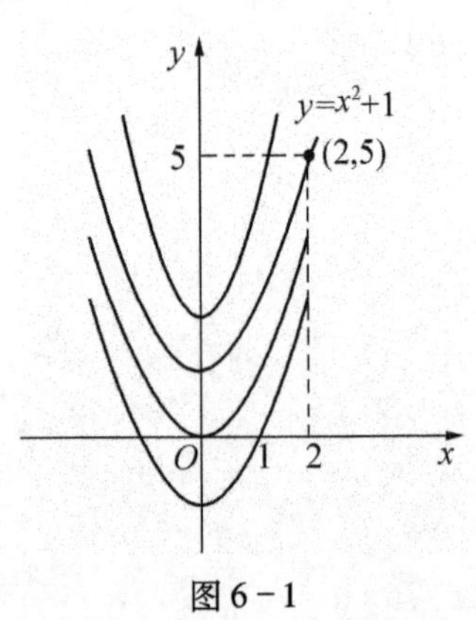

图6－1

例2　一物体以初速 v_0 铅直上抛，开始上抛时物体位于 s_0（图6-2）. 设此物体的运动只受重力的作用(不计空气阻力)，试确定该物体运动的位移 s 与时间 t 的函数关系.

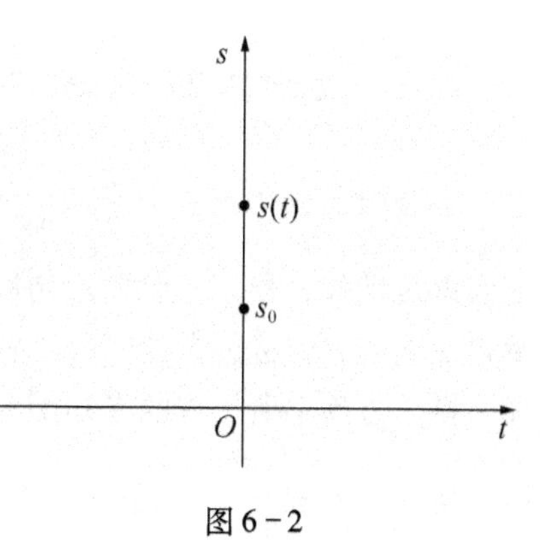

图6-2

解　取如图6-2所示坐标系. 设位移 s 与时间 t 的函数关系为 $s=s(t)$. 因为物体运动的加速度是位移 s 对时间 t 的二阶导数，且物体只受重力作用，所以由牛顿第二定律可知，未知函数 $s(t)$ 应满足关系式

$$m\frac{\mathrm{d}^2s}{\mathrm{d}t^2}=-mg$$

即

$$\frac{\mathrm{d}^2s}{\mathrm{d}t^2}=-g$$

式中，m 为物体的质量，g 为重力加速度，物体铅直向上的方向为正向.

此外，$s(t)$ 还满足下列条件：

$$s\big|_{t=0}=s_0$$

$$\left.\frac{\mathrm{d}s}{\mathrm{d}t}\right|_{t=0}=v_0$$

将关系式 $\frac{\mathrm{d}^2s}{\mathrm{d}t^2}=-g$ 两端对 t 积分一次，得

$$\frac{\mathrm{d}s}{\mathrm{d}t}=-gt+c_1$$

再积分一次，得

$$s=-\frac{1}{2}gt^2+c_1t+c_2$$

将 $\left.\frac{\mathrm{d}s}{\mathrm{d}t}\right|_{t=0}=v_0$ 代入 $\frac{\mathrm{d}s}{\mathrm{d}t}=-gt+c_1$ 得 $c_1=v_0$；将 $s\big|_{t=0}=s_0$ 代入 $s=-\frac{1}{2}gt^2+c_1t+c_2$ 得 $c_2=s_0$. 于是有

$$s=-\frac{1}{2}gt^2+v_0t+s_0$$

二、微分方程的基本概念

上述两个例子中，关系式$\frac{dy}{dx}=2x$和$\frac{d^2s}{dt^2}=-g$都含有未知函数的导数，它们都是微分方程．一般地，凡含有未知函数、未知函数的导数(或微分)及自变量的方程称为微分方程，有时也简称方程．

微分方程中所出现的未知函数的最高阶导数的阶数，叫做微分方程的阶．例如，方程$\frac{dy}{dx}=2x$是一阶微分方程，方程$\frac{d^2s}{dt^2}=-g$是二阶微分方程，方程

$$x^2y'''+xy''-4y'=3x^4$$

是三阶微分方程，方程$y^{(4)}=\cos2x$是四阶微分方程．

求函数$f(x)$的原函数，就是求一阶微分方程$y'=f(x)$的解．这是最简单的一阶微分方程．例如$\frac{dy}{dx}=2x$. 一般地，一阶微分方程的形式为

$$y'=f(x,y)$$

或

$$F(x,y,y')=0$$

而二阶微分方程的一般形式为

$$y''=f(x,y,y')$$

或

$$F(x,y,y',y'')=0$$

由前面的例子可以看到，在研究某些实际问题时，首先要建立微分方程，然后求出满足微分方程的函数．也就是要求出这样的函数，把它及它的导数代入微分方程时，能使微分方程成为恒等式．这样的函数称为该微分方程的解．

例如，函数$y=x^2+c$和$y=x^2+1$都是微分方程$\frac{dy}{dx}=2x$的解；函数$s=-\frac{1}{2}gt^2+c_1t+c_2$和$s=-\frac{1}{2}gt^2+v_0t+s_0$都是微分方程$\frac{d^2s}{dt^2}=-g$的解．

如果微分方程的解中含有任意常数，且任意常数的个数与微分方程的阶数相同，这样的解称为微分方程的通解．例如，函数$y=x^2+c$是方程$\frac{dy}{dx}=2x$的解，它含有一个任意常数，而微分方程$\frac{dy}{dx}=2x$是一阶的，所以函

数$y=x^2+c$是微分方程$\frac{dy}{dx}=2x$的通解．又如函数$s=-\frac{1}{2}gt^2+c_1t+c_2$是方程$\frac{d^2s}{dt^2}=-g$的解，它含两个任意常数，而方程$\frac{d^2s}{dt^2}=-g$是二阶的，所以函数$s=-\frac{1}{2}gt^2+c_1t+c_2$是方程$\frac{d^2s}{dt^2}=-g$的通解．

由于通解中含有任意常数，所以它还不能完全确定地反映某一客观事物的规律性．要完全确定地反映事物的规律性，必须确定这些常数的值．为此要根据问题的实际情况，提出确定这些常数的条件．例如，例1中的条件$y|_{x=2}=5$、例2中的条件$\left.\frac{ds}{dt}\right|_{t=0}=v_0$便是这样的条件．

设微分方程中未知函数为$y=y(x)$，如果微分方程是一阶的，那么通常用来确定任意常数的条件是

$$y|_{x=x_0}=y_0$$

式中，x_0，y_0都是给定的值．如果微分方程是二阶的，那么通常用来确定任意常数的条件是

$$y|_{x=x_0}=y_0 \qquad y'|_{x=x_0}=y'_0$$

式中，x_0，y_0，y'_0都是给定的值．上述这种条件称为初始条件．

微分方程的解如果是完全确定的（即不含任意常数的），就称为微分方程的特解．例如$y=x^2+1$是微分方程$\frac{dy}{dx}=2x$满足初始条件$y|_{x=2}=5$的特解，$s=-\frac{1}{2}gt^2+v_0t+s_0$是微分方程$\frac{d^2s}{dt^2}=-g$满足初始条件$s|_{t=0}=s_0$及$\left.\frac{ds}{dt}\right|_{t=0}=v_0$的特解．

微分方程的特解$y=y(x)$的图形是一条平面曲线，称为积分曲线，而它的通解表示一簇积分曲线．

例3　验证微分方程$y'=\frac{2y}{x}$的通解为$y=cx^2$（c为任意常数），并求满足初始条件$y|_{x=1}=2$的特解．

解　由$y=cx^2$得$y'=2cx$. 将y及y'代入原方程的左右两端，左端是$y'=2cx$，而右端$\frac{2y}{x}$也是$2cx$，所以函数$y=cx^2$满足原方程．又因为该函数

含有一个任意常数，所以 $y=cx^2$ 是一阶方程 $y'=\frac{2y}{x}$ 的通解．

将初始条件 $y|_{x=1}=2$ 代入通解得 $c=2$，故所求特解为 $y=2x^2$.

习题 6 - 1

1. 下列等式中哪些是微分方程？

(1) $y''=3y'+2y$；　　(2) $dy=(2x+5)dx$；

(3) $dy=0$；　　(4) $y'+xy=e^{-x}$；

(5) $y^2-3y+4=0$；　　(6) $\frac{d^2s}{dt^2}-0.4=0$.

2. 试指出下列微分方程的阶数：

(1) $(y')^3+y''+xy^4=0$；　　(2) $x^2dy+y^2dx=0$；

(3) $\frac{dy}{dx}=\frac{\sqrt{1-y^2}}{\sqrt{1-x^2}}$.

3. 验证下列所给函数哪些是微分方程

$$y''+4y=4x$$

的解，哪个是通解，哪个是特解.

(1) $y=\cos 2x-\sin 2x+x$；　　(2) $y=c_1\cos 2x+c_2\sin 2x+x$；

(3) $y=c\cos 2x+\sin 2x+x$.

4. 求微分方程 $\frac{dy}{dx}=\sin x$ 满足初始条件 $y|_{x=0}=1$ 的特解．

5. 求微分方程 $\frac{d^2y}{dx^2}=3x$ 的通解．

第二节　一阶微分方程

一、可分离变量的微分方程

在上节例1中，一阶微分方程

$$\frac{dy}{dx} = 2x$$

可写成
$$dy = 2xdx$$
将上式两端积分，就得到这个微分方程的通解

$$y = x^2 + c$$

但并不是所有的一阶微分方程都能这样求解．例如，一阶微分方程

$$\frac{dy}{dx} = -\frac{x}{y} \tag{2-1}$$

就不能像上面那样用对微分方程两端直接积分的方法求出它的通解．这是因为方程(2-1)右端还含有未知函数y，积分$\int -\frac{x}{y}dx$求不出来．为了解决这个困难，在方程(2-1)的两端同时乘以ydx，微分方程(2-1)变为

$$ydy = -xdx$$

变量x与y分离在等式的两端，两端积分得

$$\frac{y^2}{2} = -\frac{x^2}{2} + c_1$$

或

$$x^2 + y^2 = c \tag{2-2}$$

式中$c=2c_1$，c_1是任意常数．

可以验证，二元方程(2-2)所确定的隐函数$y=y(x)$是微分方程(2-1)的解．二元方程(2-2)也称为微分方程(2-1)的隐式解．又因二元方程(2-2)含有一个任意常数，所以二元方程(2-2)是微分方程(2-1)的隐式通解．

一般地，形如

$$\frac{dy}{dx} = f(x)\ g(y) \tag{2-3}$$

的一阶微分方程，称为可分离变量的方程．如果$g(y)\neq 0$，可将方程(2-

3）改写成 x，y 变量分离于等号两端的形式

$$\frac{\mathrm{d}y}{g(y)}=f(x)\,\mathrm{d}x \tag{2-4}$$

将方程（2－3）化为（2－4）的方法称为分离变量法.

对方程（2－4）两端积分

$$\int\frac{\mathrm{d}y}{g(y)}=\int f(x)\,\mathrm{d}x$$

即可求出方程（2－3）的通解.

例 1 求方程

$$y'=-\frac{y}{x}$$

的通解.

解 此方程是可分离变量的，分离变量后得

$$\frac{\mathrm{d}y}{y}=-\frac{\mathrm{d}x}{x}$$

两端积分得

$$\ln|y|=-\ln|x|+c_1$$

c_1 为任意常数. 取对数得

$$|xy|=\mathrm{e}^{c_1}$$

或

$$xy=\pm\mathrm{e}^{c_1}$$

令 $c_2=\pm\mathrm{e}^{c_1}$，则 $xy=c_2$ 或 $y=\frac{c_2}{x}$，c_2 是任意非零常数.

又 $y\equiv0$ 也是方程 $y'=-\frac{y}{x}$ 的解，这时 c_2 可认为等于0，因此 c_2 可作为任意常数 c. 故得方程 $y'=-\frac{y}{x}$ 的通解

$$y=\frac{c}{x}$$

凡遇到积分后有对数的情形，都应作类似上述的讨论，但这样的演算没有必要重复，故为方便起见，今后凡遇到积分是对数的情形可作如下简化处理：

仍以例 1 为例，分离变量后得

$$\frac{dy}{y} = -\frac{dx}{x}$$

两端积分得

$$\ln y = -\ln x + \ln c$$

或

$$\ln y = \ln\frac{c}{x}$$

即得通解为

$$y = \frac{c}{x}$$

式中 c 为任意常数.

例 2　求方程 $xy' - y\ln y = 0$ 的通解.

解　将原方程改写为

$$x\frac{dy}{dx} - y\ln y = 0$$

分离变量得

$$\frac{dy}{y\ln y} = \frac{dx}{x}$$

两端积分

$$\int\frac{dy}{y\ln y} = \int\frac{dx}{x}$$

得

$$\ln(\ln y) = \ln x + \ln c = \ln cx$$

亦即

$$\ln y = cx$$

故通解为

$$y = e^{cx}$$

式中 c 为任意常数.

例 3　求方程 $\sqrt{1-y^2} = 3x^2yy'$的通解.

解　当 $y \neq \pm 1$ 时，分离变量得

$$\frac{ydy}{\sqrt{1-y^2}} = \frac{dx}{3x^2}$$

两端积分得

$$-\sqrt{1-y^2} = -\frac{1}{3x} + c$$

或
$$\sqrt{1-y^2}-\frac{1}{3x}+c=0$$

这就是所求方程的通解，它是用隐函数形式表示的．

易知，$y=\pm 1$ 时，原方程的两端均为零，故 $y=\pm 1$ 也是原方程的解．但它们却不能并入通解之中．也就是说，在求解微分方程时，由于方程的变形可能会丢掉原方程的某些解，但这些解不必补上．

例 4 某城镇的人口增长率与当时的人口数成正比．其 1960 年人口数是 5 万，1990 年达到 7.5 万，试预测 2020 年该城镇有多少人．

解 设 t 表示从 1960 年开始计算的年数，即 1960 年 $t=0$；$y(t)$ 表示 t 年后的人口数，人口增长率就是 $y(t)$ 对时间 t 的导数 $\frac{\mathrm{d}y(t)}{\mathrm{d}t}$. 依题意可得微分方程

$$\frac{\mathrm{d}y}{\mathrm{d}t}=ky$$

式中比例系数 $k(k>0)$ 是常数．

将微分方程 $\frac{\mathrm{d}y}{\mathrm{d}t}=ky$ 分离变量后得

$$\frac{\mathrm{d}y}{y}=k\mathrm{d}t$$

两端积分得

$$\ln y=kt+\ln c$$

即
$$y=c\mathrm{e}^{kt}$$

为确定比例系数 k 及任意常数 c，将题设的条件 $y(0)=5$ 及 $y(30)=7.5$ 代入式 $y=c\mathrm{e}^{kt}$，解得 $c=5$，$k=\frac{1}{30}\ln 1.5$. 故得

$$y(60)=5\times 1.5^2=11.25(\text{万})$$

即 2020 年该城镇将有 11.25 万人．

二、齐次方程

有些方程，虽然本身并不是可分离变量的微分方程，但作一个变换可以化成可分离变量的微分方程．

例 5　求方程

$$y^2\mathrm{d}x+(x^2-xy)\mathrm{d}y=0$$

的通解．

分析　所给方程不像前面的例题那样能将变量 x 与 y 分离在微分方程两端，它不是可分离变量方程．但所给方程有一个特点：$\mathrm{d}x$，$\mathrm{d}y$ 的系数分别是 y^2 和 x^2-xy，它们都是关于 x 与 y 同为二次幂的．在代数中，y^2 与 x^2-xy 都称为二次齐次式．因而人们称所给方程为齐次方程．既然 x 与 y 不能“分”，就应考虑将其“合”．

解　先将原方程改写成

$$\frac{\mathrm{d}y}{\mathrm{d}x}=\frac{y^2}{xy-x^2}$$

分子分母同除以 x^2 得

$$\frac{\mathrm{d}y}{\mathrm{d}x}=\frac{\left(\frac{y}{x}\right)^2}{\frac{y}{x}-1}$$

再令 $\frac{y}{x}=u$（新变量 u 也是 x 的函数），这时 $y=xu$，则

$$\frac{\mathrm{d}y}{\mathrm{d}x}=u+x\frac{\mathrm{d}u}{\mathrm{d}x}$$

代入上式，可得

$$u+x\frac{\mathrm{d}u}{\mathrm{d}x}=\frac{u^2}{u-1}$$

这是可分离变量的方程．分离变量得

$$\frac{\mathrm{d}x}{x}=\frac{u-1}{u}\mathrm{d}u$$

两边积分得

$$\ln x=u-\ln u+\ln c$$

即

$$xu=c\mathrm{e}^u$$

将 $u=\frac{y}{x}$ 代入上式得原方程的通解为

$$y=c\mathrm{e}^{\frac{y}{x}}$$

一般地，形如

$$\frac{dy}{dx}=\varphi\left(\frac{y}{x}\right) \tag{2-5}$$

的方程称为齐次方程.

方程(2-5)中的变量 x 与 y 一般是不能分离的. 如果引进新变量 $u=\frac{y}{x}$，就可把方程(2-5)化为可分离变量方程. 因为由 $u=\frac{y}{x}$有

$$y=xu$$

$$\frac{dy}{dx}=u+x\frac{du}{dx}$$

代入方程(2-5)得

$$u+x\frac{du}{dx}=\varphi(u)$$

即

$$x\frac{du}{dx}=\varphi(u)-u$$

分离变量得

$$\frac{du}{\varphi(u)-u}=\frac{dx}{x}$$

两边积分

$$\int\frac{du}{\varphi(u)-u}=\int\frac{dx}{x}$$

求出积分后，再用$\frac{y}{x}$代替 u，便得所给齐次方程的通解.

例6 求方程

$$x\frac{dy}{dx}=y-xe^{\frac{y}{x}}$$

满足初始条件 $y(1)=0$ 的特解.

解 将方程写成

$$\frac{dy}{dx}=\frac{y}{x}-e^{\frac{y}{x}}$$

它是齐次方程. 令$\frac{y}{x}=u$，则 $y=ux$，$\frac{dy}{dx}=u+x\frac{du}{dx}$. 代入上式得

$$u+x\frac{du}{dx}=u-e^{u}$$

即
$$x\frac{\mathrm{d}u}{\mathrm{d}x}=-\mathrm{e}^{u}$$
分离变量得
$$-\mathrm{e}^{-u}\mathrm{d}u=\frac{\mathrm{d}x}{x}$$
两边积分，得
$$\mathrm{e}^{-u}=\ln x+c$$
用$\frac{y}{x}$代替u，得原方程的通解为
$$\mathrm{e}^{-\frac{y}{x}}=\ln x+c$$
由条件$y(1)=0$，代入通解得$c=1$. 故所求方程的特解为
$$\mathrm{e}^{-\frac{y}{x}}=\ln x+1$$

三、一阶线性微分方程

形如
$$\frac{\mathrm{d}y}{\mathrm{d}x}+P(x)y=Q(x) \tag{2-6}$$
的方程称为一阶线性微分方程，式中$P(x)$，$Q(x)$为已知函数，“线性”是指未知函数y和它的导数y'都是一次的.

若$Q(x)\equiv 0$，方程即为
$$\frac{\mathrm{d}y}{\mathrm{d}x}+P(x)y=0 \tag{2-7}$$
方程(2-7)称为对应于方程(2-6)的齐次线性方程.

若$Q(x)\neq 0$，则方程(2-6)称为非齐次的.

方程(2-6)与方程(2-7)有密切的联系，为了解方程(2-6)，先解方程(2-7).

方程(2-7)是可分离变量的，分离变量后得
$$\frac{\mathrm{d}y}{y}=-P(x)\mathrm{d}x$$
两边积分得
$$\ln y=-\int P(x)\mathrm{d}x+\ln c$$
或
$$y=c\mathrm{e}^{-\int P(x)\mathrm{d}x}$$

这就是对应的齐次线性方程(2-7)的通解，式中 c 为任意常数.

现在求解齐次线性方程(2-7)的基础上解非齐次方程(2-6). 当 c 为任意常数时，由于 $y=ce^{-\int P(x)dx}$ 满足齐次方程(2-7)，自然就不会满足非齐次方程(2-6). 但是能否用一个适当的函数 $u(x)$ 来代替常数 c，使

$$y=u(x)e^{-\int P(x)dx} \tag{2-8}$$

满足方程(2-6)呢？要回答这个问题，可把式(2-8)代入方程(2-6)，得到方程(2-6)的解的确定形式(2-8). 为此，对式(2-8)求导得

$$\begin{aligned} y' &= u'(x)e^{-\int P(x)dx}+u(x)e^{-\int P(x)dx}\cdot[-P(x)] \\ &= u'(x)e^{-\int P(x)dx}-P(x)y \end{aligned} \tag{2-9}$$

将式(2-8)和式(2-9)代入方程(2-6)得

$$u'(x)e^{-\int P(x)dx}-P(x)y+P(x)y=Q(x)$$

即

$$u'(x)=Q(x)e^{\int P(x)dx}$$

两边积分得

$$u(x)=\int Q(x)e^{\int P(x)dx}dx+c$$

这就找到了所需要的 $u(x)$. 把它代回式(2-8)，便得到非齐次方程(2-6)的解：

$$y=e^{-\int P(x)dx}\left[\int Q(x)e^{\int P(x)dx}dx+c\right] \tag{2-10}$$

由于这个解中含有一个任意常数 c，所以它是方程(2-6)的通解.

上述把齐次方程的通解中的常数 c 变易成函数 $u(x)$，再求非齐次方程的解的方法称为常数变易法.

如果把方程(2-6)的通解公式(2-10)写成

$$y=ce^{-\int P(x)dx}+e^{-\int P(x)dx}\int Q(x)e^{\int P(x)dx}dx$$

可以看到，y 是由两项构成的，其中第一项是方程(2-6)的对应齐次方程(2-7)的通解；第二项就是非齐次方程(2-6)本身的一个特解. 由此可知，一阶非齐次线性方程的通解等于对应的齐次方程的通解与非齐次方程的一个特解之和.

例7 求方程

$$\frac{dy}{dx}-\frac{y}{x}=x^2$$

的通解.

解　先求对应齐次方程的通解：

$$\frac{dy}{dx}-\frac{y}{x}=0$$

$$\frac{dy}{y}=\frac{dx}{x}$$

$$\ln y=\ln x+\ln c$$

$$y=cx$$

用常数变易法把 c 换成 u，即令

$$y=ux$$

则
$$\frac{dy}{dx}=u'x+u$$

代入所给非齐次方程，得

$$u'=x$$

两端积分，得
$$u=\frac{1}{2}x^2+c$$

再将上式代入 $y=ux$，即得所求方程的通解

$$y=\frac{1}{2}x^3+cx$$

求解一阶线性非齐次方程，也可以直接使用公式(2－10)．如本例中，$P(x)=-\frac{1}{x}$，$Q(x)=x^2$，代入公式(2－10)可得通解

$$\begin{aligned}y&=e^{\int\frac{1}{x}dx}\left(\int x^2e^{-\int\frac{1}{x}dx}dx+c\right)\\&=e^{\ln x}\left(\int x^2e^{-\ln x}dx+c\right)\\&=x\left(\int xdx+c\right)\\&=\frac{1}{2}x^3+cx\end{aligned}$$

例 8　求方程

$$xy'+y-\sin x=0$$

满足初始条件 $y|_{x=\pi}=1$ 的特解．

解　微分方程求解通常先要判定已给方程是什么类型的方程，并写出其标准形式．因为对不同的方程有不同的解法．本例方程是一阶线性非齐次方程，其标准式为

$$y'+\frac{1}{x}y=\frac{\sin x}{x}$$

代入通解公式(2-10)，得通解为

$$y = e^{-\int \frac{1}{x}dx}\left(\int \frac{\sin x}{x}e^{\int \frac{1}{x}dx}dx + c\right)$$

$$= \frac{1}{x}\left(\int \frac{\sin x}{x}\cdot x dx + c\right)$$

$$= \frac{1}{x}(c - \cos x)$$

将初始条件 $y|_{x=\pi}=1$ 代入通解，得 $c=\pi-1$. 因此，所求的特解为

$$y = \frac{1}{x}(\pi - 1 - \cos x)$$

例9 求方程

$$(1 + x^2)dy = (1 + xy)dx$$

的通解.

解 这个方程不是可分离变量方程，但它可变形为

$$\frac{dy}{dx} - \frac{x}{1 + x^2}y = \frac{1}{1 + x^2}$$

它是一阶线性非齐次方程. 代入通解公式(2-10)，得

$$y = e^{\int \frac{x}{1+x^2}dx}\left(\int \frac{1}{1 + x^2}e^{-\int \frac{x}{1+x^2}dx}dx + c\right)$$

$$= \sqrt{1 + x^2}\left(\int \frac{1}{(1 + x^2)^{\frac{3}{2}}}dx + c\right)$$

应用换元积分法，令 $x=\tan\theta$，$dx=\sec^2\theta d\theta$，得

$$\int \frac{1}{(1 + x^2)^{\frac{3}{2}}}dx = \int \cos\theta d\theta$$

$$= \sin\theta + c$$

$$= \frac{x}{\sqrt{1 + x^2}} + c$$

从而原方程的通解为

$$y = \sqrt{1 + x^2}\left(\frac{x}{\sqrt{1 + x^2}} + c\right)$$

$$= c\sqrt{1 + x^2} + x.$$

习题 6－2

1. 下列微分方程中为一阶线性微分方程的是　　　　(　　)

A. $\frac{dy}{dx}=\frac{x}{y}$　　　　B. $y'+x(y')^2=\frac{2}{x}$

C. $\frac{dy}{dx}=x\tan y$　　　　D. $\frac{dy}{dx}-2x^2y+(x+1)e^x=0$

2. 求下列方程的通解：

(1) $\frac{dy}{dx}=2xy^2$；　　　　(2) $\frac{dy}{dx}=2xy$；

(3) $\frac{dy}{dx}=\frac{x}{y\sqrt{1-x^2}}$；　　　　(4) $(1+2y)x dx+(1+x^2)dy=0$；

(5) $y'\sin x-y\cos x=0$；　　　　(6) $(e^{x+y}-e^x)dx+(e^{x+y}+e^y)dy=0$.

3. 求下列方程的通解：

(1) $\frac{dy}{dx}+y=x$；　　　　(2) $2y'-y=e^x$；

(3) $\frac{dy}{dx}=\frac{2y}{x+1}+(x+1)^3$；　　　　(4) $xy'-x^2\sin x=y$.

4. 求下列方程满足所给初始条件的特解：

(1) $\frac{dx}{y}+\frac{dy}{x}=0$，$y|_{x=3}=4$；

(2) $\sin x\cos y dx=\cos x\sin y dy$，$y|_{x=0}=\frac{\pi}{4}$.

5. 求下列各方程满足初始条件的特解：

(1) $xy'+y=4$，$y|_{x=1}=0$；

(2) $\frac{dy}{dx}+3y=8$，$y|_{x=0}=2$；

(3) $\frac{dy}{dx}-y\tan x=\sec x$，$y|_{x=0}=0$.

6. 求方程 $xy'=y\ln\frac{y}{x}$ 的通解.

7. 求一曲线的方程：该曲线通过原点，且它在点(x, y)处的切线斜率等于 $2x+y$.

8. 将一物体放在冷水中．设冷水保持常温 T_1，开始时物体的温度为 T_0 （$T_0>T_1$），求物体温度在冷却过程中的变化规律 $T(t)$（图 6－3）．

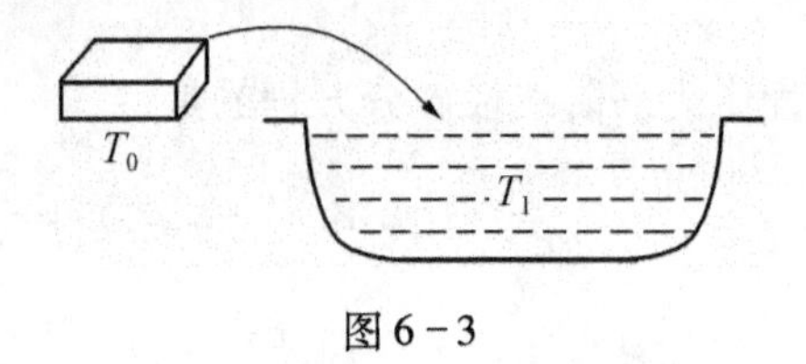

图 6－3

第三节　可降阶的高阶微分方程

二阶和二阶以上的微分方程统称为高阶微分方程．求解高阶微分方程的方法之一是设法降低方程的阶数．如果能把高阶微分方程降低为一阶微分方程，那么就有可能运用前面几节所讲的方法求解．二阶微分方程的一般形式为

$$F(x,y,y',y'')=0$$

或

$$y''=f(x,y,y')$$

本节将以二阶微分方程为例，介绍三种可降阶的特殊的二阶微分方程的求解方法．

一、$y''=f(x)$ 型微分方程

方程右端仅含 x. 只须两端分别对 x 积分一次就可化为一阶方程

$$y'=\int f(x)\mathrm{d}x+c_1$$

再积分一次，便得原方程的通解

$$y=\int\left[\int f(x)\mathrm{d}x\right]\mathrm{d}x+c_1x+c_2$$

例 1　求方程

$$y''=x+\cos x$$

的通解．

解　方程两端对 x 积分得

$$y'=\frac{1}{2}x^2+\sin x+c_1$$

再积分得通解

$$y=\frac{1}{6}x^3-\cos x+c_1x+c_2$$

例2　求方程 $y''=\ln x$ 满足初始条件 $y(1)=0$，$y'(1)=1$ 的特解．

解　对已知方程积分一次得

$$y'=\int\ln x\mathrm{d}x$$

$$=x\ln x-\int x\cdot\frac{1}{x}\mathrm{d}x+c_1$$

$$=x\ln x-x+c_1$$

将 $y'(1)=1$ 代入，得 $c_1=2$. 故

$$y'=x\ln x-x+2$$

再积分，得

$$y=\int x\ln x\mathrm{d}x-\int x\mathrm{d}x+\int 2\mathrm{d}x+c_2$$

$$=\frac{x^2}{2}\ln x-\frac{3}{4}x^2+2x+c_2$$

将 $y(1)=0$ 代入，得 $c_2=-\frac{5}{4}$. 故所求特解为

$$y=\frac{x^2}{2}\ln x-\frac{3}{4}x^2+2x-\frac{5}{4}$$

注意：在每次积分后，应利用初始条件定出每个任意常数，以简化运算．

二、$y''=f(x,y')$ 型微分方程

方程右端不显含 y. 令 $y'=p$，则 $y''=p'$. 将 y'，y''代入原方程便得到一阶方程

$$p'=f(x,p)$$

设其通解为

$$p=\varphi(x,c_1)$$

即

$$y'=\varphi(x,c_1)$$

两端积分便得原方程的通解

$$y=\int\varphi(x,c_1)\mathrm{d}x+c_2$$

例3　求方程

$$y''=y'+x$$

的通解．

解　令 $y'=p$，则 $y''=p'$. 原方程可化为一阶线性非齐次方程

$$p' - p = x$$

这里 $P(x) = -1$，$Q(x) = x$，代入公式

$$y = \mathrm{e}^{-\int P(x)\mathrm{d}x}\left[\int Q(x)\mathrm{e}^{\int P(x)\mathrm{d}x}\mathrm{d}x + c\right]$$

得

$$p = c_1\mathrm{e}^x - (x + 1)$$

即

$$y' = c_1\mathrm{e}^x - (x + 1)$$

再积分，便得原方程的通解

$$y = c_1\mathrm{e}^x - \frac{1}{2}x^2 - x + c_2$$

三、$y'' = f(y, y')$ 型微分方程

微分方程右端不显含 x. 令 $y' = p$，并将 p 看作是自变量 y 的函数，有

$$y'' = \frac{\mathrm{d}p}{\mathrm{d}x} = \frac{\mathrm{d}p}{\mathrm{d}y}\cdot\frac{\mathrm{d}y}{\mathrm{d}x}$$

$$= \frac{\mathrm{d}p}{\mathrm{d}y}\cdot p$$

于是，原方程便可化为

$$p\frac{\mathrm{d}p}{\mathrm{d}y} = f(y,p)$$

这是关于 p 的一阶方程. 设其通解为

$$p = \varphi(y,c_1)$$

代回 $p = \frac{\mathrm{d}y}{\mathrm{d}x}$，得

$$\frac{\mathrm{d}y}{\mathrm{d}x} = \varphi(y,c_1)$$

求解这个一阶方程就可以得到原方程的通解.

例 4 求方程

$$yy'' - y'^2 = 0$$

的通解.

解 已知方程不显含自变量 x，因此设 $y' = p(y)$，则

$$y'' = p\frac{\mathrm{d}p}{\mathrm{d}y}$$

原方程化为

$$yp\frac{\mathrm{d}p}{\mathrm{d}y} - p^2 = 0$$

当 $p \neq 0$ 时，由上式得

$$\frac{\mathrm{d}p}{p} = \frac{\mathrm{d}y}{y}$$

两端积分，得

$$\ln p = \ln y + \ln c_1$$

$$p = c_1 y$$

即

$$y' = c_1 y$$

再分离变量，积分，便得原方程的通解为

$$y = c_2 \mathrm{e}^{c_1 x}$$

式中 c_1，c_2 是任意常数．

显然，当 $p = 0$ 时，有 $\frac{\mathrm{d}y}{\mathrm{d}x} = 0$，即 $y = c$ 也是原方程的解，并且这个解实际上已包含于原方程的通解 $y = c_2 \mathrm{e}^{c_1 x}$ 之中．

习题 6－3

1. 用降阶法求下列微分方程的通解：

(1) $\frac{\mathrm{d}^2 y}{\mathrm{d}x^2} = x^2$；　　　　(2) $y'' = \mathrm{e}^{2x}$．

2. 求方程 $y'' - \mathrm{e}^x + x = 0$ 满足初始条件 $y(0) = 0$，$y'(0) = 1$ 的特解．

3. 求方程 $y'' = \frac{y'}{1 + 2x}$ 的通解．

4. 求方程 $yy'' + 2(y')^2 = 0$ 的通解．

第六章复习题

一、选择题

1. 微分方程 $x^2\mathrm{d}y=y^2\mathrm{d}x-x^2y\mathrm{d}y$ 是 (　　)

A. 可分离变量方程　　B. 一阶线性方程

C. 齐次方程　　D. 二阶线性方程

2. 下列方程是一阶线性微分方程的是 (　　)

A. $(y')^3=xy$　　B. $y''=xy^2$

C. $yy'=x+x^2y$　　D. $y'-\dfrac{y}{x}=x+1$

3. 方程 $y'-y=0$ 满足初始条件 $y|_{x=0}=2$ 的特解为 (　　)

A. $y=2\mathrm{e}^x$　　B. $y=2\mathrm{e}^{-x}$　　C. $y=\mathrm{e}^x+1$　　D. $y=\mathrm{e}^{-x}+1$

二、计算题

1. 求下列方程的通解：

(1) $\dfrac{x\mathrm{d}x}{1+y}-\dfrac{y\mathrm{d}y}{1+x}=0$；

(2) $(xy^2+x)\mathrm{d}x+(y-x^2y)\mathrm{d}y=0$.

2. 求方程 $y'=\mathrm{e}^{2x-y}$ 满足初始条件 $y|_{x=0}=0$ 的特解.

3. 求方程 $\dfrac{\mathrm{d}y}{\mathrm{d}x}+y\cos x=\mathrm{e}^{-\sin x}$ 的通解.

4. 求方程 $y''+\cos 3x-x=0$ 满足初始条件 $y|_{x=0}=0$，$y'|_{x=0}=1$ 的特解.

5. 设函数 $f(x)$ 连续且可导，并满足 $\int_0^x tf(t)\,\mathrm{d}t=f(x)+x^2$，求 $f(x)$.

期中测验

一、填空题(本大题共 5 小题，每小题 3 分，共 15 分)

1. $\frac{d}{dx}\left(\int_0^x \cos t dt\right) =$ ______________.

2. 定积分 $\int_1^2 \frac{1}{x}dx =$ ______________.

3. 反常积分 $\int_1^{+\infty} e^{-x}dx =$ ______________ .

4. 微分方程 $y'' = 0$ 的通解是______________ .

5. 微分方程 $y' = 2(y+1)$ 满足初始条件 $y|_{x=0} = 0$ 的特解是________.

二、单选题(本大题共 5 小题，每小题 3 分，共 15 分)

1. 下列等式不成立的是　(　　)

A. $\int_{-a}^{a} f(x)dx = 0$　　B. $\int_a^a f(x)dx = 0$

C. $\int_a^b f(x)dx = \int_a^b f(t)dt$　　D. $\int_a^b f(x)dx = -\int_b^a f(x)dx$

2. 若 $\int f(x)dx = 2\sin\frac{x}{2} + c$，则 $f(x) =$　(　　)

A. $\cos\frac{x}{2} + c$　　B. $\cos\frac{x}{2}$

C. $2\cos\frac{x}{2} + c$　　D. $2\cos\frac{x}{2}$

3. 定积分 $\int_0^1 xe^{-x^2}dx =$　(　　)

A. $-\frac{1}{2e} + \frac{1}{2}$　　B. $\frac{1}{2e}$

C. $1 - \frac{1}{2e}$　　D. $-\frac{1}{2e} - 1$

4. 下列方程不是可分离变量方程的是　(　　)

A. $yy' = x(1-y^2)$　　B. $y' = e^{2x+3y}$

C. $xy' - y\ln y = 0$　　D. $y' = x + y$

5. 微分方程 $y' + y = 0$ 满足初始条件 $y|_{x=0} = 2$ 的特解是　(　　)

A. $y = 2e^x$　　B. $y = 2e^{-x}$

C. $y = e^x + 1$　　D. $y = e^{-x} + 1$

三、计算题(本大题共8小题，每小题7分，共56分)

1. 计算定积分 $3\int_0^2 (x-2)^2 \mathrm{d}x$.

2. 计算定积分 $\int_0^{\pi} x\cos x \mathrm{d}x$.

3. 计算定积分 $\int_1^4 \frac{x+1}{\sqrt{x}} \mathrm{d}x$.

4. 求由曲线 $2y = x^2$，$y = x + 4$ 所围成的图形的面积.

5. 求由 $y = \sin x (0 \leqslant x \leqslant \frac{\pi}{2})$，直线 $x = \frac{\pi}{2}$ 及 $y = 0$ 所围成的平面图形绕 x 轴旋转所得旋转体的体积.

6. 求微分方程 $\sqrt{1-x^2}\mathrm{d}y - y\mathrm{d}x = 0$ 的通解.

7. 求微分方程 $y' + y = \mathrm{e}^{-x}$ 的通解.

四、解答题(本大题共2小题，每小题7分，共14分)

1. (1)求由 $y = \frac{1}{x}$，$y = x$，$x = 2$ 所围成的平面图形的面积；

   (2)求该平面图形绕 x 轴旋转所得旋转体的体积.

2. 求微分方程 $x\frac{\mathrm{d}y}{\mathrm{d}x} + y - 3 = 0$ 满足初始条件 $y|_{x=1} = 0$ 的特解.

第七章　多元函数微积分

前面几章讨论了一元函数微积分及其应用．但在实际中还会遇到多个变量的情形，因此有必要研究多元函数的微分和积分问题．本章将依次介绍以下三个内容：

(1)空间解析几何的基础知识；

(2)多元函数的微分法及其应用；

(3)二重积分．

注意，本章的基本概念、理论和方法可以看作是一元函数相应的概念、理论和方法的推广．在讨论中将以二元函数为主，因为从一元函数到二元函数会产生新的问题，而从二元函数到二元以上的多元函数则可以类推.

对二元函数的许多问题，将利用空间解析几何的知识用几何图形来形象地加以解释．

第一节　空间解析几何基础知识

一、空间直角坐标系

学习平面解析几何和一元函数微积分时，平面直角坐标系是一个重要的工具．同样，为了研究多元函数微积分，空间直角坐标系也是一个重要的工具．

1. 空间直角坐标系

过空间一个定点 O 作三条互相垂直的数轴，它们都以 O 为原点且一般有相同的长度单位，这三条轴分别叫做 x 轴(横轴)、y 轴(纵轴)、z 轴(竖轴)，统称为坐标轴．它们构成一个空间直角坐标系，称为 $Oxyz$ 坐标系(图 7-1)．它们的正方向符合右手法则，即以右手握住 z 轴，当右手的四个手指从正向 x 轴以$\frac{\pi}{2}$角度转向正向 y 轴时，大拇指的指向就是 z 轴的正向，如图 7-2 所示．

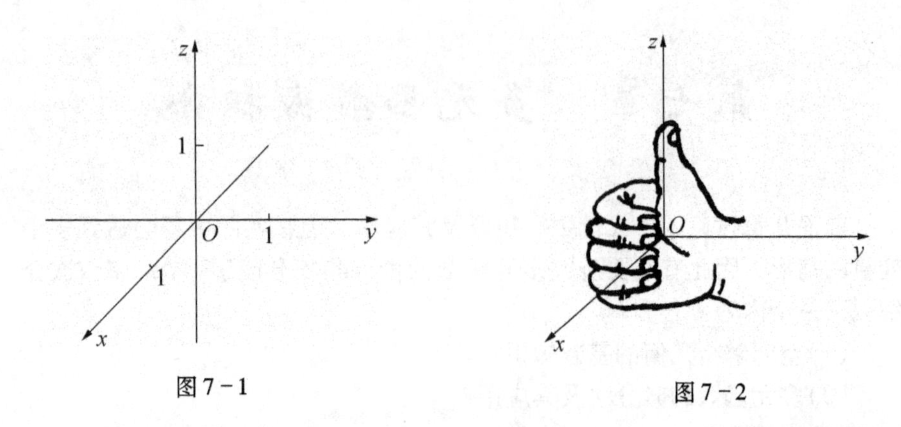

图 7－1　　　　图 7－2

三条坐标轴中的任意两条坐标轴可以确定一个平面，这些平面称为坐标面．x 轴及 y 轴所确定的坐标面叫做 xOy 面，另两个由 y 轴及 z 轴和由 z 轴及 x 轴所确定的坐标面，分别叫做 yOz 面及 zOx 面．三个坐标面把空间分成八个部分，每一部分叫做一个卦限．含有 x 轴、y 轴与 z 轴正半轴的那个卦限叫做第一卦限，其他第二、第三、第四卦限在 xOy 面的上方，按逆时针方向确定；第五至第八卦限在 xOy 面的下方，由第一卦限之下的第五卦限，按逆时针方向确定．八个卦限分别用字母 Ⅰ、Ⅱ、Ⅲ、Ⅳ、Ⅴ、Ⅵ、Ⅶ、Ⅷ表示，如图 7－3 所示．

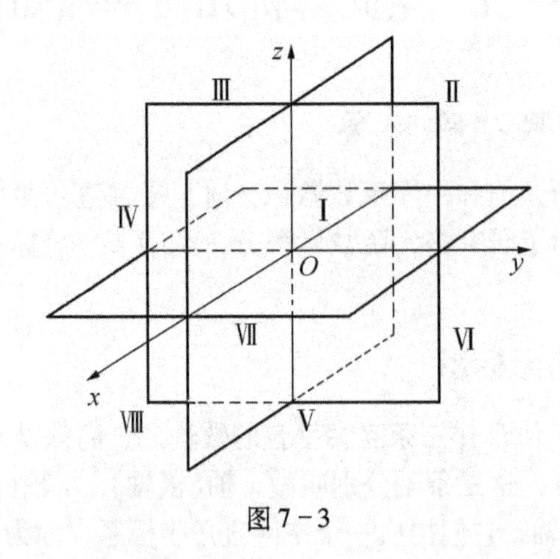

图 7－3

2. 点的坐标

取定了空间直角坐标系后，就可以建立起空间的点与数组之间的对应关系．设 M 为空间的一点，过 M 点作三个平面分别垂直于 x，y，z 三条坐标轴，它们与 x 轴、y 轴、z 轴的交点依次为 P、Q、R（图 7－4）．设 P、Q、R 三点分别在 x 轴、y 轴、z 轴上的坐标为 x、y、z. 这样，空间的一点 M 就唯一地确定了一个有序数组 (x, y, z)．数组 (x, y, z) 称为点 M 的直角坐标，并依次称 x，y，z 为点 M 的横坐标、纵坐标和竖坐标．坐标为 (x, y, z) 的点 M 通常记作 $M(x, y, z)$.

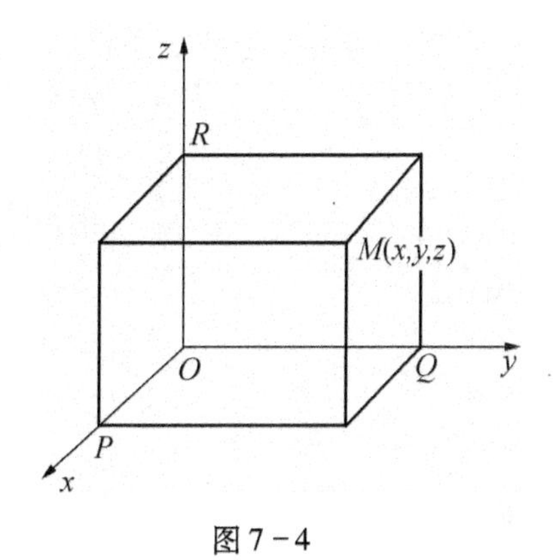

图 7－4

反之，已知一有序数组 (x, y, z)，在 x 轴上取坐标为 x 的点 P，在 y 轴上取坐标为 y 的点 Q，在 z 轴上取坐标为 z 的点 R，然后通过点 P、Q、R 分别作 x 轴、y 轴、z 轴的垂直平面，这三个平面的交点 M 便是以有序数组 (x, y, z) 为坐标的点．这就是说，通过空间直角坐标系就建立了空间的点 M 与坐标 (x, y, z) 之间的一一对应关系．

显然，原点的坐标为 $(0, 0, 0)$，x 轴、y 轴、z 轴上的点的坐标分别为 $(x, 0, 0)$，$(0, y, 0)$，$(0, 0, z)$. 三个坐标面 xOy、yOz、zOx 上的点的坐标分别为 $(x, y, 0)$，$(0, y, z)$，$(x, 0, z)$.

二、空间两点间的距离公式

在平面直角坐标系中，任意两点 $M_1(x_1, y_1)$，$M_2(x_2, y_2)$ 之间的距离公式为

$$|M_1M_2| = \sqrt{(x_2 - x_1)^2 + (y_2 - y_1)^2}$$

现在，我们给出空间直角坐标系中任意两点间的距离公式．

设 $M_1(x_1, y_1, z_1)$ 和 $M_2(x_2, y_2, z_2)$ 为空间两点．为了用两点的坐标来表达它们间的距离 d，过点 M_1，M_2 各作三个分别垂直于三条坐标轴的平面．这六个平面围成一个以 M_1M_2 为对角线的长方体（图 7－5）．根据勾股定理，可以证明长方体的对角线的

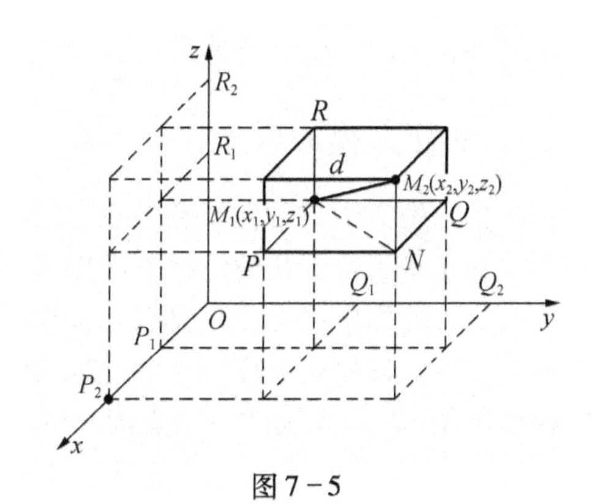

图 7－5

长度的平方等于它的三条棱的长度的平方和，即

$$\begin{aligned} d^2 &= |M_1M_2|^2 \\ &= |M_1N|^2 + |NM_2|^2 \\ &= |M_1P|^2 + |M_1Q|^2 + |M_1R|^2 \end{aligned}$$

由于

$$|M_1P| = |P_1P_2| = |x_2 - x_1|$$

$$|M_1Q| = |Q_1Q_2| = |y_2 - y_1|$$

$$|M_1R| = |R_1R_2| = |z_2 - z_1|$$

所以

$$d = |M_1M_2| = \sqrt{(x_2 - x_1)^2 + (y_2 - y_1)^2 + (z_2 - z_1)^2} \quad (1-1)$$

这就是空间两点间的距离公式.

特殊地，点 $M(x, y, z)$ 与坐标原点 $O(0, 0, 0)$ 的距离为

$$d = |OM| = \sqrt{x^2 + y^2 + z^2}$$

例1 求点 $M_1(5, 4, -1)$、$M_2(1, 7, 0)$ 之间的距离.

解

$$\begin{aligned} d &= |M_1M_2| \\ &= \sqrt{(1-5)^2 + (7-4)^2 + (0+1)^2} \\ &= \sqrt{26} \end{aligned}$$

例2 在 x 轴上找一点 P，使它与点 $Q(2, 3, 4)$ 的距离为5.

解 点 P 在 x 轴上，可设其坐标为 $(x, 0, 0)$. 由题意得

$$\sqrt{(2-x)^2 + (3-0)^2 + (4-0)^2} = 25$$

即

$$x^2 - 4x + 4 = 0$$

解得 $x=2$. 故在 x 轴上所找的点为 $P(2, 0, 0)$.

三、曲面及其方程

1. 曲面方程的概念

在日常生活中，常会看到各种曲面，例如球面、排水管外表面、锥面等等. 与在平面解析几何中把平面曲线看作是动点的轨迹类似，在空间解析几何中，曲面也可看作是具有某种性质的动点的轨迹. 在建立空间直角坐标系以后，设曲面上任一点的坐标为 $M(x, y, z)$，则曲面上一切点的共同性质可用 x, y, z 间的一个方程表示出来.

定义1 在空间直角坐标系中，如果曲面 S 上任一点的坐标都满足方

程 $F(x, y, z)=0$，而不在曲面 S 上的任何点的坐标都不满足该方程，则方程 $F(x, y, z)=0$ 称为曲面 S 的方程，而曲面 S 就称为方程 $F(x, y, z)=0$ 的图形，如图 7－6 所示．

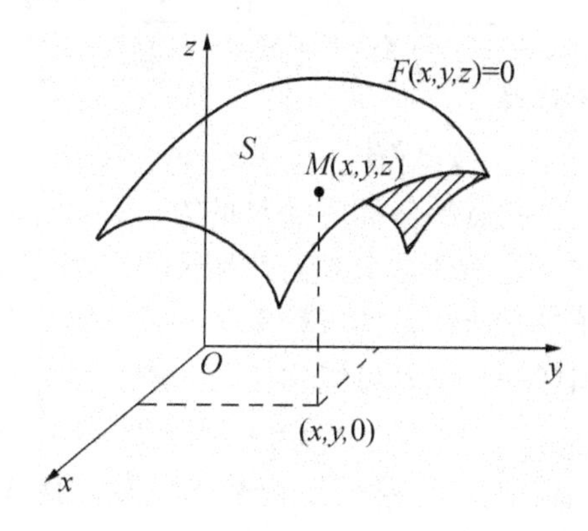

图 7－6

2. 平面

平面是空间中最简单且最重要的曲面．下面从一些简单的例题入手，引进平面的一般方程表示式．

例 3　求三个坐标面的方程．

解　易知 xOy 面上任一点的坐标都满足 $z=0$；反之，满足 $z=0$ 的点都在 xOy 面上，所以 xOy 面的方程为 $z=0$.

同理，yOz 面的方程为 $x=0$，zOx 面的方程为 $y=0$.

例 4　作方程 $z=c$（c 为常数）的图形．

解　方程 $z=c$ 中不含 x，y，这意味着 x 与 y 可取任何值，总有 $z=c$，其图形是平行于 xOy 面的平面．可由 xOy 平面向上（$c>0$）或向下（$c<0$）移动 $|c|$ 个单位得到，如图 7－7 所示．

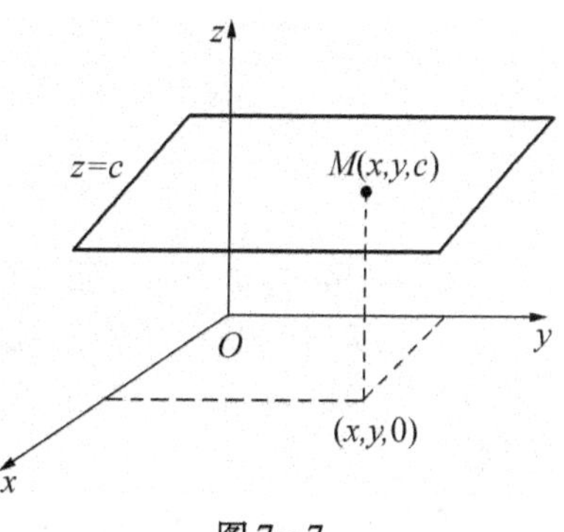

图 7－7

例 5　设有点 $A(1, -2, 0)$ 和 $B(3, 1, -1)$，求线段 AB 的垂直平分面的方程．

解　由题意可知，所求的平面就是与点 A 和 B 等距离的点的几何轨

迹.设 $M(x, y, z)$ 为所求平面上的任一点，由于

$$|AM| = |BM|$$

所以

$$\sqrt{(x-1)^2+(y+2)^2+(z-0)^2} = \sqrt{(x-3)^2+(y-1)^2+(z+1)^2}$$

等式两边平方，再化简得

$$2x+3y-z-3=0$$

这就是所求平面上的点的坐标所满足的方程，而不在此平面上的点的坐标都不满足这个方程，因此这个方程就是所求平面的方程.

在前面三个例子中，所讨论的方程都是一次方程，所考察的图形都是平面.一般地，空间任一平面都可以用三元一次方程

$$Ax+By+Cz+D=0 \tag{1-2}$$

来表示，反之亦然.式中，A，B，C，D 均为常数，且 A，B，C 不全为 0，方程(1-2)称为平面的一般方程.

例如 $x+y+z=1$，$x-y=0$ 等均表示空间中的平面.如图 7-8a、图 7-8b 所示.

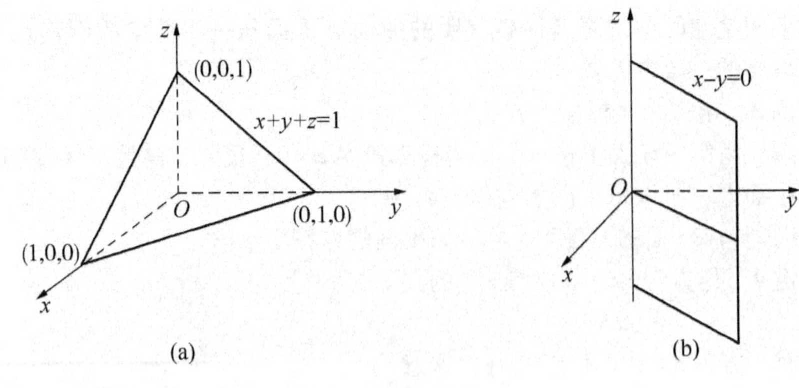

图 7-8

在空间解析几何中，关于曲面的研究有下列两个基本问题：

(1)已知一曲面作为点的几何轨迹时，建立该曲面的方程；

(2)已知坐标 x，y 和 z 间的一个方程时，研究该方程所表示的曲面的形状.

现在围绕这两个基本问题，通过例题再介绍如下一些常用曲面.

3. 球面

例6　建立球心在点 $M_0(x_0, y_0, z_0)$、半径为 a 的球面的方程．

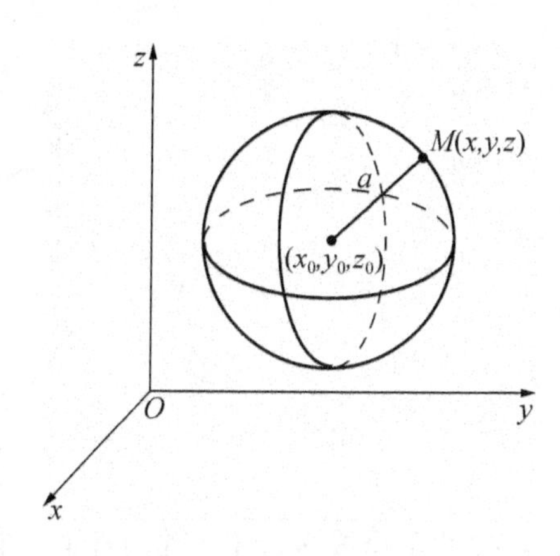

图7－9

解　设 $M(x, y, z)$ 是球面上的任一点(图7－9)，则

$$|M_0M| = a$$

由于 $$|M_0M| = \sqrt{(x-x_0)^2+(y-y_0)^2+(z-z_0)^2}$$

所以 $$\sqrt{(x-x_0)^2+(y-y_0)^2+(z-z_0)^2} = a$$

或 $$(x-x_0)^2+(y-y_0)^2+(z-z_0)^2 = a^2$$

这就是球面上的点的坐标所满足的方程，而不在球面上的点的坐标都不满足该方程．所以该方程就是以点 $M_0(x_0, y_0, z_0)$ 为球心，a 为半径的球面方程．

特别地，以坐标原点为球心，a 为半径的球面方程是

$$x^2+y^2+z^2 = a^2$$

4. 柱面

例7　方程 $x^2+y^2=a^2$ 表示怎样的曲面?

解　方程 $x^2+y^2=a^2$ 在 xOy 面上表示圆心在原点 O，半径为 a 的圆．在空间直角坐标系中，该方程不含竖坐标 z，意味着 z 可取任意值，只要 x 与 y 满足该方程，那么这些点就在该曲面上．这就是说，凡是通过 xOy 面内圆 $x^2+y^2=a^2$ 上一点 $M(x, y, 0)$ 且平行于 z 轴的直线 l 都在这曲面上．因此，这曲面可以看作是由平行于 z 轴的直线 l 沿 xOy 面上的圆 $x^2+y^2=a^2$

移动而形成的，这曲面叫做圆柱面．xOy 面上的圆 $x^2+y^2=a^2$ 叫做它的准线，这平行于 z 轴的直线 l 叫做它的母线，如图 7－10 所示．

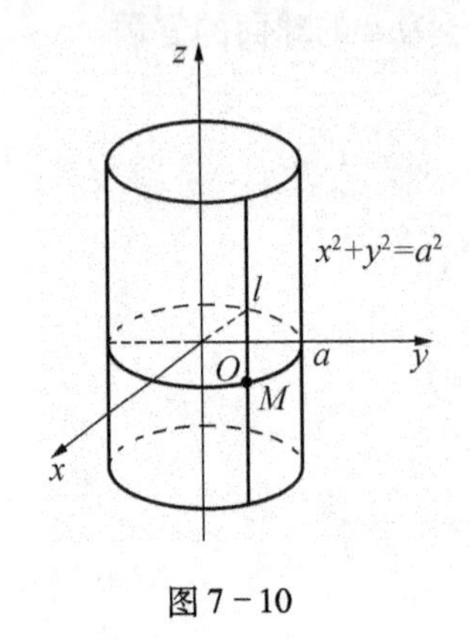

图 7－10

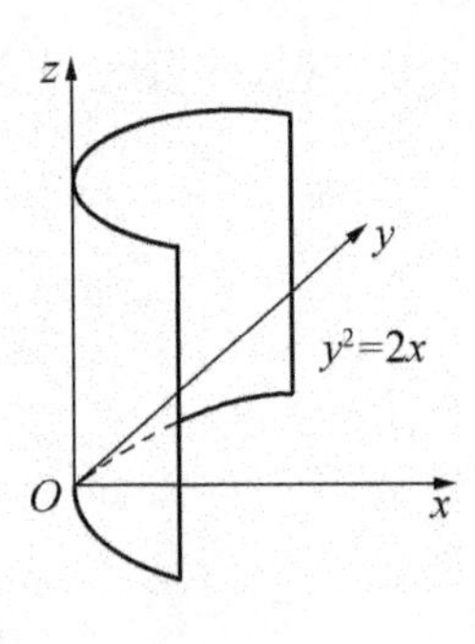

图 7－11

类似地，方程 $y^2=2x$ 表示母线平行于 z 轴的柱面．它的准线是 xOy 面上的抛物线 $y^2=2x$. 该柱面叫做抛物柱面，如图 7－11 所示．

5. 旋转抛物面

在空间解析几何中，已知曲面的方程要了解曲面的形状时，一般可用一组平行于坐标面的平面(包括坐标面)去截割此曲面，截割平面与曲面的交线称为截痕，通过综合截痕的变化来了解曲面形状．这种方法称为截痕法．

例 8　作方程 $z=x^2+y^2$ 的图形．

解　用平面 $z=c$ 截曲面 $z=x^2+y^2$，其截痕方程为

$$x^2+y^2=c,\ z=c$$

当 $c=0$ 时，只有原点(0，0，0)满足方程；

当 $c>0$ 时，其截痕为以点$(0,\ 0,\ c)$为圆心、以$\sqrt{c}$为半径的圆．将平面 $z=c$ 向上移动，即 c 的值越来越大，这时截痕的圆也越来越大．

当 $c<0$ 时，平面 $z=c$ 与曲面无交点．

如果用平面 $x=a$ 或 $y=b$ 去截曲面，则截痕均为抛物线．综上所述，我们称方程 $z=x^2+y^2$ 的图形为旋转抛物面，如图 7－12

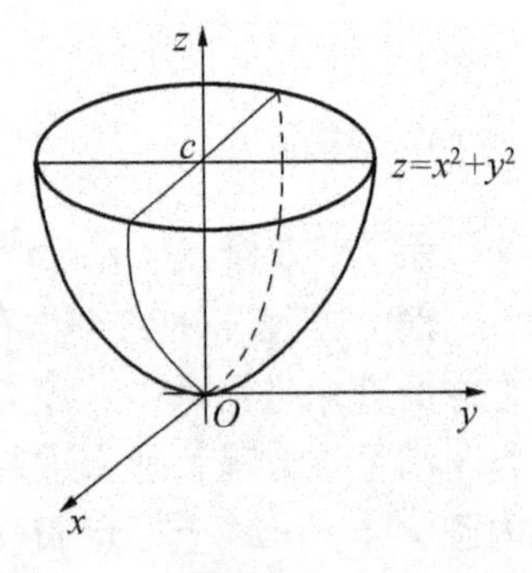

图 7－12

所示．

例9　作方程 $z=y^2-x^2$ 的图形．

解　用平面 $z=c$ 截曲面 $z=y^2-x^2$，其截痕方程为

$$y^2-x^2=c,\ z=c$$

当 $c=0$ 时，其截痕为两条相交于原点(0，0，0)的直线，方程为

$$\begin{cases}y-x=c\\z=0\end{cases}\quad 或\quad \begin{cases}y+x=c\\z=0\end{cases}$$

当 $c\neq 0$ 时，其截痕为双曲线．

用平面 $y=c$ 截曲面 $z=y^2-x^2$，其截痕为抛物线，方程为

$$z=c^2-x^2,\ y=c$$

用平面 $x=c$ 截曲面 $z=y^2-x^2$，其截痕为抛物线，方程为

$$z=y^2-c^2,\ x=c$$

这个曲面称为双曲抛物面，也叫马鞍面，如图7-13所示．

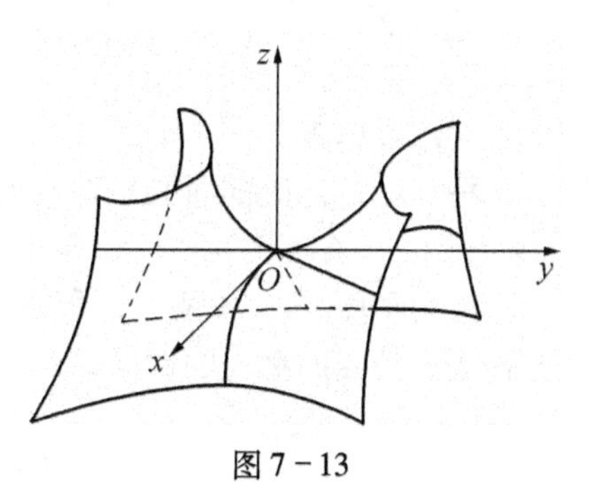

图7-13

6. 常见的二次曲面

关于二次曲面，这里不作详细讨论，只介绍几个常见的二次曲面方程及其图形．

(1)椭球面

由方程

$$\frac{x^2}{a^2}+\frac{y^2}{b^2}+\frac{z^2}{c^2}=1\quad (a>0,b>0,c>0)$$

所确定的曲面称为椭球面，如图7-14所示．

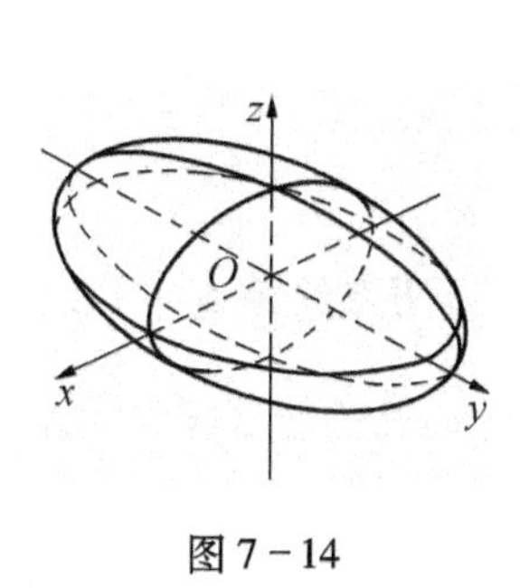

图7-14

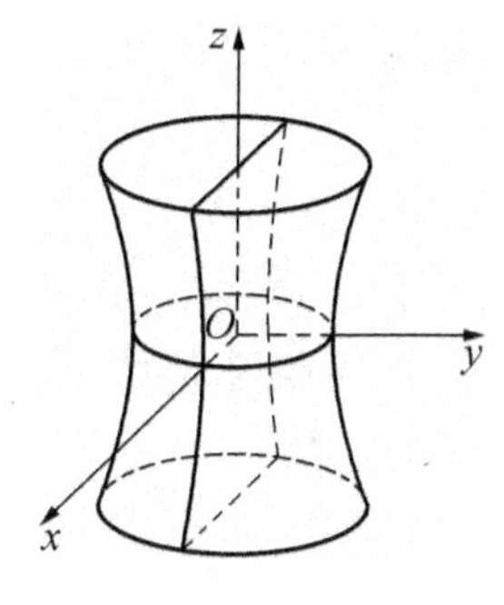

图7-15

特别地，当 $a=b=c$ 时，上述方程变成球面方程

$$x^2+y^2+z^2=a^2$$

(2)单叶双曲面

$$\frac{x^2}{a^2}+\frac{y^2}{b^2}-\frac{z^2}{c^2}=1\ (a>0,b>0,c>0)$$

其图形如图 7－15 所示．

(3)二次锥面

$$\frac{x^2}{a^2}+\frac{y^2}{b^2}-\frac{z^2}{c^2}=0\ (a>0,b>0,c>0)$$

其图形如图 7－16 所示．

特别地，二次锥面的一种常见形式是

$$x^2+y^2-z^2=0$$

若用平面 $z=c$ 去截它，所得截痕均为圆，此方程表示的曲面称为圆锥面．

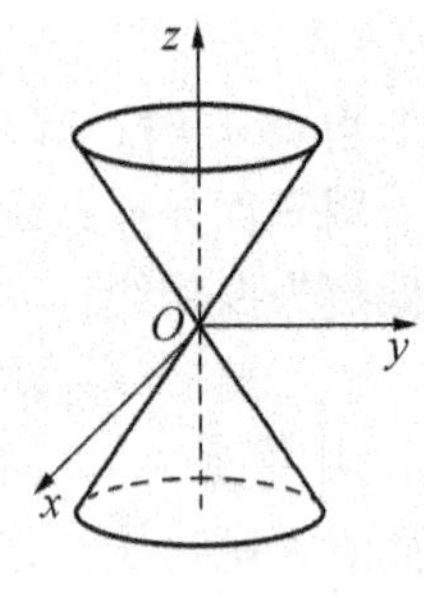

图 7－16

习题 7－1

1. 点 $P(2,\ -3,\ 1)$ 关于 xOy 面的对称点是 (　　)

A. $(-2,\ 3,\ -1)$　　B. $(-2,\ -3,\ -1)$

C. $(2,\ -3,\ -1)$　　D. $(-2,\ 3,\ 1)$

2. 求点 $P(4,\ -3,\ 5)$ 到坐标原点以及各坐标轴的距离．

3. 在平面直角坐标系中，一切 $x=a$(常数)的点构成的图形是什么？在空间直角坐标系中，一切 $x=a$ 的点构成的图形是什么？

4. 下列点中，在球面

$$(x-1)^2+(y-2)^2+z^2=1$$

上的点为 (　　)

A. $(1,\ 2,\ 1)$　　B. $(4,\ 2,\ 5)$

C. $(1,\ 2,\ 0)$　　D. $(0,\ 5,\ 3)$

5. 方程 $x^2+y^2+z^2-4x+2y=0$ 表示什么曲面？

6. 设动点到 $M_1(-1,\ 0,\ 2)$ 和 $M_2(0,\ -2,\ 3)$ 两点的距离相等，求动点轨迹的方程．

第二节　多元函数的基本概念

学习多元函数的基本概念(包括多元函数及多元函数的极限与连续性等概念)，要与一元函数的相应概念进行对照，既要掌握它们的共同点，又要注意它们之间的差别.

一、平面区域的概念

在一元函数的讨论中，邻域与区间概念经常用到，在学习二元函数时也有类似的情况. 为此，在讲二元函数概念之前，先介绍平面区域的概念.

1. 点 P_0 的 δ 邻域

在数轴上，设 δ 是任一正数，则开区间 $(x_0-\delta,\ x_0+\delta)$ 就是点 x_0 的一个邻域，这个邻域称为点 x_0 的 δ 邻域，记作 $U(x_0,\ \delta)$，即

$$U(x_0,\delta)=\{x\,|\,x_0-\delta<x<x_0+\delta\}$$

点 x_0 称为邻域的中心，δ 称为邻域的半径，如图 7－17 所示.

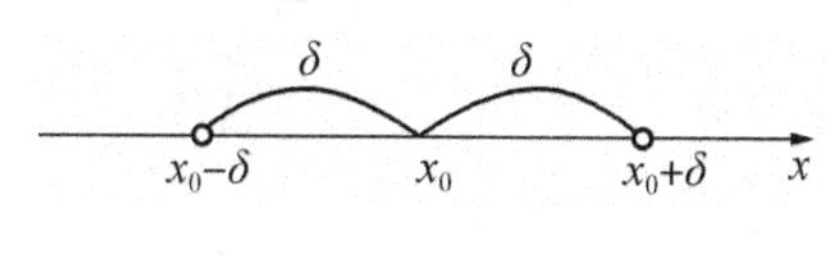

图 7－17

设 $P_0(x_0,\ y_0)$ 是 xOy 平面上的一个点，δ 是某一正数. 与点 $P_0(x_0,\ y_0)$ 距离小于 δ 的点 $P(x,\ y)$ 的全体，称为点 P_0 的 δ 邻域，记作 $U(P_0,\ \delta)$，即

$$U(P_0,\delta)=\{P\,|\,|PP_0|<\delta\}$$

也就是

$$U(P_0,\delta)=\{(x,y)\,|\,\sqrt{(x-x_0)^2+(y-y_0)^2}<\delta\}$$

在几何上，$U(P_0,\ \delta)$ 就是 xOy 平面上以点 $P_0(x_0,\ y_0)$ 为中心、δ 为半径的圆内部的点 $P(x,\ y)$ 的全体(图 7－18). 如果不需要强调邻域的半径 δ，则可用 $U(P_0)$ 表示点 P_0 的某个邻域.

2. 平面点集、内点与开集

从平面解析几何可知，任意一个有序实数组 $(x,\ y)$ 都对应着坐标平面

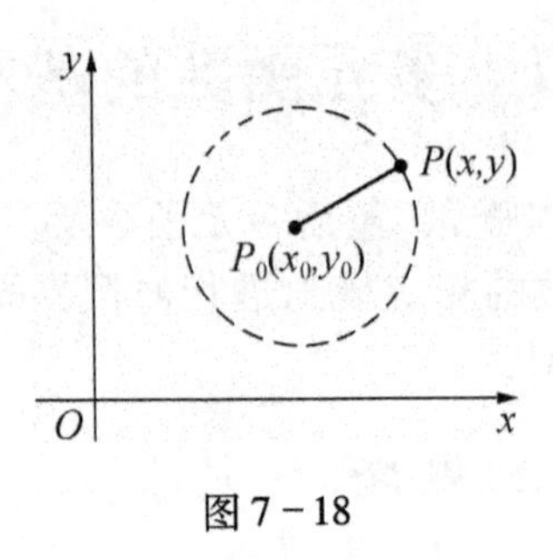

图 7-18

上的一个点 P；反之，坐标平面上的任意一个点 P 都对应着一个有序实数组(x, y). 于是所有有序实数组(x, y)组成的集合与坐标平面上的所有点 P 组成的集合一一对应. 因此，对有序实数组(x, y)与坐标平面上的点 P 不加区别，把它们的任意子集都称为平面点集，简称点集. 通常记作 E 或 D 等.

设 E 是一个平面点集，点 $P\in E$. 如果存在点 P 的某个邻域 $U(P)$，使得 $U(P)\subset E$，则称 P 为 E 的内点. 例如图 7-19 中的点 P_1.

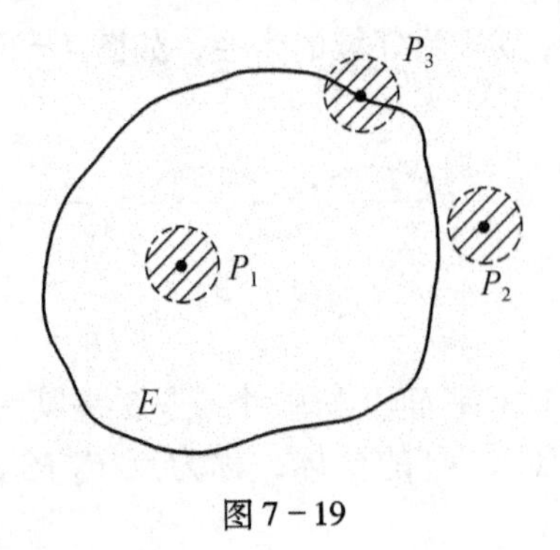

图 7-19

如果存在点 P 的某个邻域 $U(P)$，使得 $U(P)\cap E=\varnothing$，则称 P 为 E 的外点. 例如图 7-19 中的点 P_2.

如果在点 P 任一邻域内既含有属于 E 的点，又含有不属于 E 的点，则称 P 为 E 的边界点. 例如图 7-19 中的点 P_3.

点集 E 的边界点的全体称为 E 的边界.

例如，设平面点集

$$E=\{(x,y)\mid 1<x^2+y^2\leqslant 2\}$$

满足 $1<x^2+y^2<2$ 的一切点(x, y)都是 E 的内点；满足 $x^2+y^2=1$ 的一切

点(x, y)都是E的边界点，它们都不属于E；满足$x^2+y^2=2$的一切点(x, y)也是E的边界点．它们都属于E.

如果点集E的点都是E的内点，则称E为开集．

如果点集E内的任何两点都可用折线连接起来，且该折线上的点都属于E，则称E为连通集．

3. 区域(或开区域)与闭区域

连通的开集称为区域或开区域，如图7－20所示．开区域连同它的边界一起构成的点集称为闭区域．

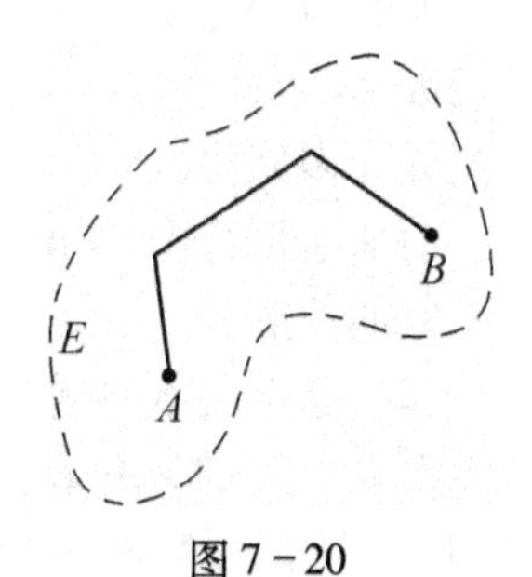

图7－20

例如，点集$\{(x, y) \mid x^2+y^2<1\}$是开区域，简称开圆域；而点集$\{(x, y) \mid x^2+y^2 \leqslant 1\}$是闭圆域．

区域可以分为有界区域和无界区域．对于区域D，如果存在一个中心在原点、半径足够大的圆，使D全部包含在该圆内，则称D为有界区域，否则称D为无界区域．

二、二元函数的定义

与一元函数一样，二元函数也是从自然现象和实际问题中抽象出来的数学概念．

例1　设圆柱体的高为h，底半径为r，则它的体积

$$V=\pi r^2 h$$

这里V，r，h是三个变量．当变量r，h在集合$\{(r, h) \mid r>0, h>0\}$内取定一对数值(r_0, h_0)时，按给定的关系式，V就有一个确定的值$V_0=\pi r_0^2 h_0$与之对应．

例2　一定量的理想气体的压强p、体积V和绝对温度T之间具有关系

$$p=\frac{RT}{V}$$

式中，R是常数．当V、T在集合$\{(V, T) \mid V>0, T>T_0\}$内取定一对值$(V, T)$时，$p$就有唯一确定的值与之对应．

以上两例的具体意义虽然不同，但它们却有共同的性质，由这些共性可抽象出二元函数的定义．

定义1　设D是平面上的一个非空点集，如果对于D内任一点(x, y)，按照一定的对应法则f都有唯一确定的实数z与之对应，则称z为

x，y 的二元函数，记作

$$z=f(x,y)$$

其中 x，y 称为自变量，z 称为因变量，点集 D 称为该函数的定义域，数集 $\{z\mid z=f(x,y),(x,y)\in D\}$ 称为该函数的值域.

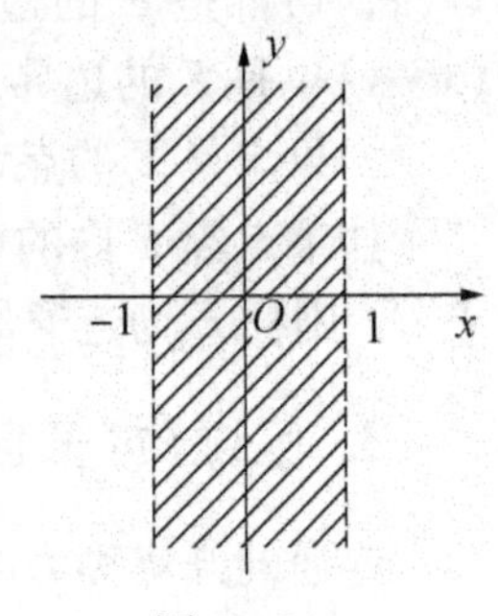

图 7－21

类似地，可定义三元函数 $u=f(x,y,z)$ 及 n 元函数 $u=f(x_1,x_2,\cdots,x_n)$. 当 $n\geqslant 2$ 时，n 元函数统称为多元函数.

例 3 求函数 $z=\ln(1-x^2)$ 的定义域，并画出定义域的图形.

解 这个函数可看作是二元函数，当 $1-x^2>0$ 且 $-\infty<y<+\infty$ 时函数有定义，其定义域 $D=\{(x,y)\mid |x|<1,\ -\infty<y<+\infty\}$，$D$ 的图形如图 7－21 所示. 在 xOy 平面上，因 $|x|<1$，$|y|<+\infty$，故 D 是一个无界开区域.

例 4 求函数 $z=\sqrt{1-\dfrac{x^2}{a^2}-\dfrac{y^2}{b^2}}$ 的定义域，并画出定义域的图形.

解 当 $1-\dfrac{x^2}{a^2}-\dfrac{y^2}{b^2}\geqslant 0$ 时函数有定义，其定义域为 $D=\left\{(x,y)\,\middle|\,\dfrac{x^2}{a^2}+\dfrac{y^2}{b^2}\leqslant 1\right\}$. 在 xOy 平面上，D 是由椭圆 $\dfrac{x^2}{a^2}+\dfrac{y^2}{b^2}=1$（$a>0$，$b>0$）围成的有界闭区域，如图 7－22 所示.

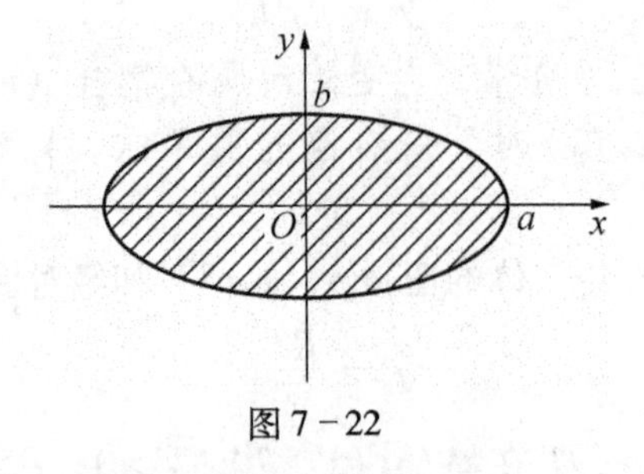

图 7－22

三、二元函数的几何意义

在空间直角坐标系中，给定二元函数 $z=f(x,y)$，其定义域为 xOy 面上的区域 D. 在 D 内取定一点 $P_0(x_0,y_0)$ 时，则其对应的函数值为 $z_0=f(x_0,y_0)$，于是得到空间一点 $M_0(x_0,y_0,z_0)$. 当点 $P(x,y)$ 取遍 D 上的点时，对应的空间点 $M(x, y, z)$ 运动的轨迹通常是一个曲面，此曲面称为函数 $z=f(x, y)$ 的图形，如图 7－23 所示．

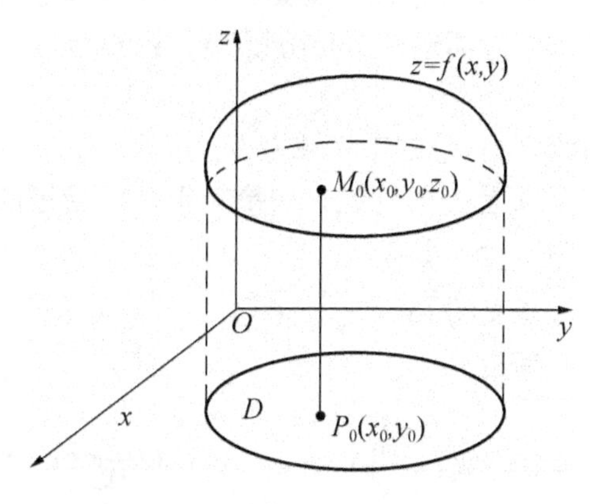

图 7－23

例如，二元函数 $z=\sqrt{a^2-x^2-y^2}$ 的图形是球心在坐标原点，半径为 a 的上半球面，如图 7－24 所示．

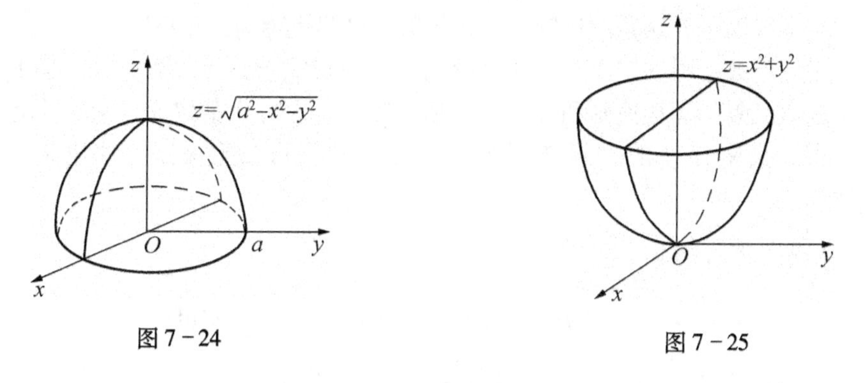

图 7－24　　　　图 7－25

函数 $z=x^2+y^2$ 的图形是顶点在坐标原点，以 z 轴为转动轴的旋转抛物面，如图 7－25 所示．

四、二元函数的极限

与一元函数一样，为了建立二元函数微积分概念，必须将一元函数极限概念推广到二元函数中去．在一元函数中，用数轴上 x_0 与 x 两点间的距离 $|x-x_0|$ 定义点 x_0 的 δ 邻域，即由集合 $\{x \mid 0<|x-x_0|<\delta\}$ 所确定的开区间，从而定义了函数 $f(x)$ 当 $x \to x_0$ 时的极限．在二元函数中，利用平面上 $P_0(x_0, y_0)$ 与 $P(x, y)$ 两点间的距离

$$|P_0P| = \sqrt{(x-x_0)^2+(y-y_0)^2}$$

来定义点(x_0,y_0)的δ邻域,即平面上点集$\{(x,y)\mid 0<\sqrt{(x-x_0)^2+(y-y_0)^2}<\delta\}$所确定的开圆域，进而定义二元函数$f(x, y)$当点$(x, y)\to(x_0, y_0)$时的极限.

定义2 设函数$f(x, y)$的定义域为D，点$P_0(x_0, y_0)$的某个去心邻域内总有属于D的点，A是一个定数．如果对于任意给定的正数ε，总存在正数δ，使得在D中适合不等式

$$0 < \sqrt{(x-x_0)^2+(y-y_0)^2} < \delta$$

的一切点$P(x, y)$，都有

$$|f(x,y) - A| < \varepsilon$$

成立，则称A是$f(x, y)$当$(x, y)\to(x_0, y_0)$时的极限，记作

$$\lim_{(x,y)\to(x_0,y_0)} f(x,y) = A$$

或

$$f(x,y)\to A \quad ((x,y)\to(x_0,y_0))$$

或

$$\lim_{P\to P_0} f(P) = A$$

为了区别一元函数的极限，二元函数的极限也称为二重极限.

一元函数极限的定义与二重极限的定义在形式上并无多大差异，因此一元函数极限的运算法则和性质，包括无穷小与无穷大的定义及无穷小运算定理、极限存在的夹逼准则等，都可以推广到二重极限，这里不再详述.

例5 求极限$\lim\limits_{\substack{x\to0\\y\to0}}\dfrac{\sin(x^2+y^2)}{2(x^2+y^2)}$.

解 令$u=x^2+y^2$. 因为当$x\to0$，$y\to0$时，$u\to0$，所以

$$\lim_{\substack{x\to0\\y\to0}}\frac{\sin(x^2+y^2)}{2(x^2+y^2)} = \frac{1}{2}\lim_{u\to0}\frac{\sin u}{u} = \frac{1}{2}$$

例6 求极限$\lim\limits_{\substack{x\to0\\y\to2}}\dfrac{\tan(xy)}{x}$.

解 因为$\tan x\sim x$，$(x\to0)$，故$\tan(xy)\sim xy$，$(xy\to0)$. 从而

$$\lim_{\substack{x\to0\\y\to2}}\frac{\tan(xy)}{x} = \lim_{\substack{x\to0\\y\to2}}\frac{\tan(xy)}{xy}\cdot y$$

$$= \lim_{xy\to0}\frac{\tan(xy)}{xy}\cdot\lim_{y\to2}y = 2$$

例 7　求极限 $\lim\limits_{(x,y)\to(0,0)}\dfrac{2-\sqrt{xy+4}}{xy}$.

解　本题分母的极限为零，不能用商的极限运算法则，但可以将分子有理化.

$$\begin{aligned}\lim_{(x,y)\to(0,0)}\frac{2-\sqrt{xy+4}}{xy}&=\lim_{(x,y)\to(0,0)}\frac{4-(xy+4)}{xy(2+\sqrt{xy+4})}\\&=\lim_{(x,y)\to(0,0)}\frac{-1}{2+\sqrt{xy+4}}\\&=-\frac{1}{4}\end{aligned}$$

注意，二重极限由于自变量的增多，产生了一些与一元函数极限的本质差异. 在一元函数极限中，点 x 只能在 x 轴上从 x_0 左右趋近于 x_0，而在二重极限中，点 $P(x,\ y)$ 趋于点 $P_0(x_0,\ y_0)$ 是以任意方式进行的，通俗一点讲，是指方向可以任意，路径可以多种多样，如图 7 – 26 所示.

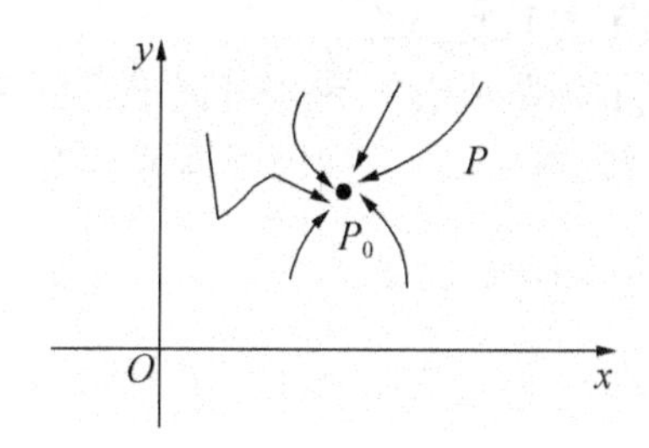

图 7 – 26

因此，如果 $P(x,\ y)$ 以某一特殊方式，例如沿着一条定直线或定曲线趋近于 $P_0(x_0,\ y_0)$ 时，即使 $f(x,\ y)$ 无限趋近于某一确定值，仍然不能由此断定函数的极限存在. 但是反过来，如果当 $P(x,\ y)$ 以不同方式趋近于 $P_0(x_0,y_0)$ 时，$f(x,y)$ 趋近于不同的值，那么就可以断定函数的极限不存在.

例 8　设

$$f(x,y)=\begin{cases}\dfrac{xy}{x^2+y^2} & (x^2+y^2\neq 0)\\ 0 & (x^2+y^2=0)\end{cases}$$

考察二重极限 $\lim\limits_{(x,y)\to(0,0)}f(x,\ y)$ 是否存在.

解　当点 $(x,\ y)$ 沿 x 轴趋于点 $(0,\ 0)$ 时，$y=0$，$x\neq 0$. 当 $x\to 0$ 时，

$$\lim_{\substack{(x,y)\to(0,0)\\y=0}} f(x,y) = \lim_{\substack{x\to 0\\y=0}} \frac{xy}{x^2+y^2}$$

$$= \lim_{x\to 0} 0 = 0$$

又当点(x, y)沿y轴趋于点$(0, 0)$时，$x=0$，$y\neq 0$. 当$y\to 0$时，

$$\lim_{\substack{(x,y)\to(0,0)\\x=0}} \frac{xy}{x^2+y^2} = \lim_{\substack{y\to 0\\x=0}} \frac{xy}{x^2+y^2}$$

$$= \lim_{y\to 0} 0 = 0$$

虽然点(x, y)以上述两种特殊方式(沿x轴或沿y轴)趋近于点$(0, 0)$时，函数的极限存在并相等，但是$\lim\limits_{(x,y)\to(0,0)} f(x, y)$并不存在. 这是因为当点$(x, y)$沿着直线$y=kx$趋于点$(0, 0)$时，有

$$\lim_{(x,y)\to(0,0)} \frac{xy}{x^2+y^2} = \lim_{x\to 0} \frac{kx^2}{x^2+k^2x^2}$$

$$= \frac{k}{1+k^2}$$

显然比值是随着k值的不同而改变的.

以上关于二元函数的极限概念，完全可以推广到三元和三元以上的函数. 多元函数的极限运算与一元函数的极限运算有类似的运算法则.

五、二元函数的连续性

与一元函数的连续性类似，我们利用二重极限来说明二元函数的连续性.

定义3 设二元函数$f(x, y)$满足条件:

(1)在点(x_0, y_0)的某邻域内有定义;

(2)极限$\lim\limits_{(x,y)\to(x_0,y_0)} f(x, y)$存在;

(3) $\lim\limits_{(x,y)\to(x_0,y_0)} f(x, y) = f(x_0, y_0)$.

则称函数$f(x, y)$在点(x_0, y_0)处连续，否则称点(x_0, y_0)是函数$f(x, y)$的间断点.

如果$f(x, y)$在区域D的每一点处都连续，则称函数$f(x, y)$在D上连续，或称$f(x, y)$是D上的连续函数. 连续的二元函数的图形是一张连续的曲面.

以上关于二元函数的连续性概念，可相应地推广到n元函数上去. 前面已经指出：一元函数中关于极限的运算法则，对于多元函数仍然适用. 根据多元函数的极限运算法则，可以证明多元函数的和、差、积、商(在

分母不为零处)仍为连续函数，多元连续函数的复合函数也是连续函数.

与一元初等函数类似，多元初等函数是指可用一个式子表示的多元函数，这个式子是由常数及具有不同自变量的一元基本初等函数经过有限次的四则运算和复合运算得到. 例如，e^{xy}，$\ln\frac{1}{\sqrt{x^2+y^2}}$，$\sin(x^2+y^2+z)$等都是多元初等函数. 根据上面的分析，即可得到下述结论：

一切多元初等函数在定义区域内是连续的.

所谓定义区域是指包含在定义域内的区域或闭区域.

由多元初等函数的连续性，如果多元函数在点P_0处有极限，而该点又在此函数的定义域内，则极限值就是函数在该点的函数值，即

$$\lim_{P\to P_0}f(P)=f(P_0)$$

例 9　讨论函数$f(x,y)=\begin{cases}\frac{xy}{x^2+y^2} & (x^2+y^2\neq 0)\\ 0 & (x^2+y^2=0)\end{cases}$在(0, 0)的连续性.

解　由例 8 可知$\lim\limits_{\substack{x\to 0\\ y\to 0}}\frac{xy}{x^2+y^2}$不存在，所以根据连续性定义可知$f(x,y)$在(0, 0)不连续.

与闭区间上一元连续函数的性质类似，在有界闭区域上二元连续函数也有如下性质：

定理 1(有界性定理)　**在有界闭区域 D 上的二元连续函数在 D 上一定有界.**

定理 2(最大值、最小值定理)　**在有界闭区域 D 上连续的二元函数在该区域一定能取得最大值和最小值.**

定理 3(介值定理)　**在有界闭区域上连续的二元函数必能取得介于它的两个不同的函数值之间的任何值.**

习题 7－2

1. 已知$f(x,y)=x^2+y^2-xy\tan\frac{x}{y}$，求$f\left(\frac{\pi}{4},1\right)$，$f(tx,ty)$.

2. 求下列函数的定义域：

(1)$z=\sqrt{x}+y$；　　(2)$z=\sqrt{1-x^2}+\sqrt{y^2-1}$；

(3)$z=\ln(x+y-1)$；　　(4)$z=\sqrt{xy+1}$；

(5) $z=\ln(y-x)+\dfrac{\sqrt{x}}{\sqrt{1-x^2-y^2}}$.

3. 求下列各极限：

(1) $\lim\limits_{\substack{x\to 1\\ y\to 0}}\dfrac{\ln(x+e^y)}{\sqrt{x^2+y^2}}$；

(2) $\lim\limits_{(x,y)\to(0,3)}\dfrac{\sin xy}{x}$；

(3) $\lim\limits_{(x,y)\to(0,0)}\dfrac{\sqrt{xy+1}-1}{xy}$；

(4) $\lim\limits_{\substack{x\to 0\\ y\to 0}} xy\sin\dfrac{1}{x^2+y^2}$；

(5) $\lim\limits_{\substack{x\to\infty\\ y\to 2}}\left(1+\dfrac{1}{x}\right)^{\frac{x^2}{x+y}}$.

4. 指出下列函数的连续性：

(1) $z=\dfrac{xy}{x+y}$；

(2) $f(x,\ y)=\dfrac{1}{\sqrt{x^2+y^2}}$.

第三节　偏导数与全微分

一、偏导数的概念及其计算

1. 偏导数的概念

在一元函数中，我们从研究函数的变化率引入导数概念．对于二元函数同样需要研究它的变化率．但是，由于自变量多了一个，情况要比一元函数更复杂．

在 xOy 平面内，当动点 $(x,\ y)$ 由定点 $(x_0,\ y_0)$ 沿着不同方向变化时，函数 $z=f(x,\ y)$ 的变化率一般是不相同的，因此需要研究 $z=f(x,\ y)$ 在点 $(x_0,\ y_0)$ 处沿各个方向的变化率．本书只限于讨论点 $(x,\ y)$ 沿平行于 x 轴和平行于 y 轴两个特殊方向变动时 $z=f(x,\ y)$ 的变化率．这是因为这两种情况比较简单而且实用，同时它们也是研究其他方向变化率的基础．

下面给出二元函数 $z=f(x,\ y)$ 分别对自变量 x 和自变量 y 的偏导数的定义．

定义1　设函数 $z=f(x,\ y)$ 在点 $(x_0,\ y_0)$ 的某一邻域内有定义．当 y 固定在 y_0 而 x 在 x_0 处有增量 Δx 时，相应地，函数有增量

$$f(x_0+\Delta x,y_0)-f(x_0,y_0)$$

如果

$$\lim_{\Delta x\to 0}\frac{f(x_0+\Delta x,y_0)-f(x_0,y_0)}{\Delta x} \tag{3-1}$$

存在，则称此极限为函数 $z=f(x,\ y)$ 在点 $(x_0,\ y_0)$ 处对 x 的偏导数，记作 $\left.\frac{\partial z}{\partial x}\right|_{\substack{x=x_0\\y=y_0}}$，$\left.\frac{\partial f}{\partial x}\right|_{\substack{x=x_0\\y=y_0}}$，$\left.z_x\right|_{\substack{x=x_0\\y=y_0}}$ 或 $f_x(x_0,y_0)$①.

例如，极限(3－1)可表示为

$$f_x(x_0,y_0)=\lim_{\Delta x\to 0}\frac{f(x_0+\Delta x,y_0)-f(x_0,y_0)}{\Delta x}$$

类似地，函数 $z=f(x,\ y)$ 在点 $(x_0,\ y_0)$ 处对 y 的偏导数定义为

$$f_y(x_0,y_0)=\lim_{\Delta y\to 0}\frac{f(x_0,y_0+\Delta y)-f(x_0,y_0)}{\Delta y}$$

或记作 $\left.\frac{\partial z}{\partial y}\right|_{\substack{x=x_0\\y=y_0}}$，$\left.\frac{\partial f}{\partial y}\right|_{\substack{x=x_0\\y=y_0}}$，$\left.z_y\right|_{\substack{x=x_0\\y=y_0}}$，$f_y(x_0,y_0)$.

从定义看到，二元函数的偏导数，因其中一个变量是固定的，因而实际上是一个一元函数的导数．所谓“偏”是指对其中某一个自变量而言．

如果函数 $z=f(x,\ y)$ 在区域 D 内每一点 $(x,\ y)$ 处对 x 的偏导数都存在，那么这偏导数就是 x，y 的函数，它就称为函数 $z=f(x,\ y)$ 对自变量 x 的偏导函数，也简称为偏导数，记作 $\frac{\partial z}{\partial x}$，$\frac{\partial f}{\partial x}$，$z_x$ 或 $f_x(x,\ y)$.

类似地可以定义函数 $z=f(x,\ y)$ 对自变量 y 的偏导函数，记作 $\frac{\partial z}{\partial y}$，$\frac{\partial f}{\partial y}$，$z_y$ 或 $f_y(x,\ y)$.

偏导数的概念还可以推广到二元以上的多元函数．例如，三元函数 $u=f(x,\ y,z)$ 在点 $(x,\ y,\ z)$ 处对 x 的偏导数定义为

$$f_x(x,y,z)=\lim_{\Delta x\to 0}\frac{f(x+\Delta x,y,z)-f(x,y,z)}{\Delta x}$$

其中 $(x,\ y,\ z)$ 是函数 $u=f(x,\ y,\ z)$ 定义域的内点．

上述定义表明，求多元函数对某个自变量的偏导数时，只需用一元函数的导数公式和求导法则对该自变量求导，而其他变量则看成常量便可．

例 1　求 $z=x^2+y^2-xy$ 在点(1，3)处的偏导数．

解　方法一　把 y 看作常量对 x 求导，得

① 偏导数记号 z_x,f_y 也可以记作 z'_x,f'_x，下面高阶偏导数的记号也有类似的情形．

$$\frac{\partial z}{\partial x} = 2x - y$$

把 x 看作常量对 y 求导，得

$$\frac{\partial z}{\partial y} = 2y - x$$

故所求偏导数 $\left.\frac{\partial z}{\partial x}\right|_{\substack{x=1\\y=3}} = -1$，$\left.\frac{\partial z}{\partial y}\right|_{\substack{x=1\\y=3}} = 5$.

方法二　由于 $y=3$，则

$$z\Big|_{(x,3)} = x^2 - 3x + 9$$

$$\left.\frac{\partial z}{\partial x}\right|_{\substack{x=1\\y=3}} = (2x-3)\Big|_{x=1} = -1$$

同理

$$z\Big|_{(1,y)} = 1 + y^2 - y$$

$$\left.\frac{\partial z}{\partial y}\right|_{\substack{x=1\\y=3}} = (2y-1)\Big|_{y=3} = 5$$

例2　求 $z=\mathrm{e}^{\sin x}\cdot\cos y$ 的偏导数.

解　把 y 看作常量对 x 求导，得

$$\frac{\partial z}{\partial x} = \mathrm{e}^{\sin x}\cdot\cos x\cdot\cos y$$

把 x 看作常量对 y 求导，得

$$\begin{aligned}\frac{\partial z}{\partial y} &= \mathrm{e}^{\sin x}(-\sin y)\\ &= -\mathrm{e}^{\sin x}\cdot\sin y\end{aligned}$$

注：在求 $\frac{\partial z}{\partial x}$ 过程中，由于将 y 看成常量，故 $\cos y$ 亦为常量，接下来只需应用一元函数中复合函数的求导法则对 x 求导即可.

例3　求 $u=\sqrt{x^2+y^2}+\frac{xy}{z}$ 的偏导数.

解　把 y 和 z 看作常量对 x 求导，得

$$\frac{\partial u}{\partial x} = \frac{x}{\sqrt{x^2+y^2}} + \frac{y}{z}$$

同理，得

$$\frac{\partial u}{\partial y} = \frac{y}{\sqrt{x^2+y^2}} + \frac{x}{z}$$

$$\frac{\partial u}{\partial z} = -\frac{xy}{z^2}$$

例 4　已知理想气体的状态方程 $pV=RT$（R 为常量），证明

$$\frac{\partial p}{\partial V}\cdot\frac{\partial V}{\partial T}\cdot\frac{\partial T}{\partial p}=-1$$

证　因为 $p=\frac{RT}{V}$，把 T 看作常量，对 V 求导，有

$$\frac{\partial p}{\partial V}=-\frac{RT}{V^2}$$

又

$$V=\frac{RT}{p},$$

把 p 看作常量，对 T 求导，有

$$\frac{\partial V}{\partial T}=\frac{R}{p}$$

同理

$$T=\frac{pV}{R}$$

把 V 看作常量，对 p 求导，有

$$\frac{\partial T}{\partial p}=\frac{V}{R}$$

所以

$$\frac{\partial p}{\partial V}\cdot\frac{\partial V}{\partial T}\cdot\frac{\partial T}{\partial p}=-\frac{RT}{V^2}\cdot\frac{R}{p}\cdot\frac{V}{R}$$

$$=-\frac{RT}{pV}=-1$$

例 4 表明，偏导数记号 $\frac{\partial p}{\partial V}$，$\frac{\partial V}{\partial T}$ 与 $\frac{\partial T}{\partial p}$ 应作为整体记号看待，不能看作分子与分母之商．

2. 偏导数的几何意义

函数 $z=f(x,\ y)$ 的图形是一个空间曲面（图 7－27），当自变量 y 取定值 y_0 时，方程

$$\begin{cases} y=y_0 \\ z=f(x,y_0) \end{cases}$$

代表一条平面曲线，它是曲面 $z=f(x,\ y)$ 与平面 $y=y_0$ 的交线．图 7－27 中的曲线弧 $\overset{\frown}{M_0M_1}$ 就是它的一部分．偏导数

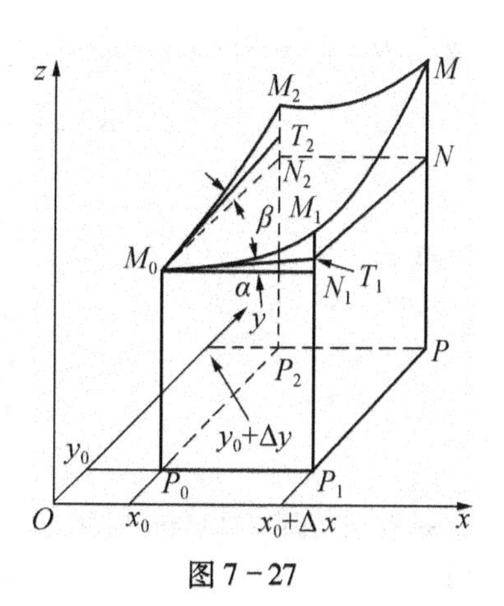

图 7－27

$$\left.\frac{\partial z}{\partial x}\right|_{(x_0,y_0)}=\lim_{\Delta x\to 0}\frac{f(x_0+\Delta x,y_0)-f(x_0,y_0)}{\Delta x}$$

$$=\lim_{\Delta x\to 0}\frac{\Delta_x z}{\Delta x}$$

其中 $\Delta_x z$ 叫做函数 z 的偏增量．如图 7－27 所示，$\Delta x=M_0N_1$，$\Delta_x z=N_1M_1$，即是说，偏导数 $\left.\frac{\partial z}{\partial x}\right|_{(x_0,y_0)}$ 在几何图形上表示曲线 $\widehat{M_0M_1}$ 在点 M_0 处的切线 M_0T_1 关于 x 轴的斜率，也就是切线对 x 轴的倾角 α 的正切 $\tan\alpha$. 即

$$\left.\frac{\partial z}{\partial x}\right|_{(x_0,y_0)}=\tan\alpha\quad\left(\alpha\neq\frac{\pi}{2}\right)$$

同样，$\left.\frac{\partial z}{\partial y}\right|_{(x_0,y_0)}$ 的几何意义是曲面被平面 $x=x_0$ 所截得的曲线在点 M_0 处的切线 M_0T_2 对 y 轴的斜率．即

$$\left.\frac{\partial z}{\partial y}\right|_{(x_0,y_0)}=\tan\beta\quad\left(\beta\neq\frac{\pi}{2}\right)$$

关于多元函数的偏导数，我们还须作以下两点说明：

(1)与一元函数类似，对分段函数在分段点处的偏导数要利用偏导数的定义来求．

(2)在一元微分法中，我们知道，如果函数在某点具有导数，则它在该点必连续．但对多元函数而言，即使各个偏导数在某点都存在，也不能保证函数在该点连续．例如函数

$$z=f(x,y)=\begin{cases}\dfrac{xy}{x^2+y^2} & (x^2+y^2\neq 0)\\ 0 & (x^2+y^2=0)\end{cases}$$

在点(0，0)处对 x 的偏导数为

$$f_x(0,0)=\lim_{\Delta x\to 0}\frac{f(0+\Delta x,0)-f(0,0)}{\Delta x}$$

$$=\lim_{\Delta x\to 0}0=0$$

同样有

$$f_y(0,0)=\lim_{\Delta y\to 0}\frac{f(0,0+\Delta y)-f(0,0)}{\Delta y}$$

$$=\lim_{\Delta y\to 0}0=0$$

但是在第二节中已经知道(见本章第二节例 8)，函数在点(0，0)处并不连续．

二、高阶偏导数

设二元函数 $z=f(x,\ y)$ 在区域 D 内具有偏导数

$$\frac{\partial z}{\partial x}=f_x(x,y)\qquad \frac{\partial z}{\partial y}=f_y(x,y)$$

这两个偏导数在 D 内也是 x 和 y 的二元函数．如果这两个偏导数也具有偏导数，则称它们是函数 $z=f(x,\ y)$ 的二阶偏导数．函数 $z=f(x,\ y)$ 的二阶偏导数共有四个：

（1）对 x 的二阶偏导数，记作

$$\frac{\partial}{\partial x}\left(\frac{\partial z}{\partial x}\right)=\frac{\partial^2 z}{\partial x^2}=f_{xx}(x,y)$$

（2）对 y 的二阶偏导数，记作

$$\frac{\partial}{\partial y}\left(\frac{\partial z}{\partial y}\right)=\frac{\partial^2 z}{\partial y^2}=f_{yy}(x,y)$$

（3）先对 x，后对 y 的二阶混合偏导数，记作

$$\frac{\partial}{\partial y}\left(\frac{\partial z}{\partial x}\right)=\frac{\partial^2 z}{\partial x\,\partial y}=f_{xy}(x,y)$$

（4）先对 y，后对 x 的二阶混合偏导数，记作

$$\frac{\partial}{\partial x}\left(\frac{\partial z}{\partial y}\right)=\frac{\partial^2 z}{\partial y\,\partial x}=f_{yx}(x,y)$$

例 5　求函数 $z=\mathrm{e}^{xy}+x$ 的二阶偏导数．

解　先求两个一阶偏导数：

$$\frac{\partial z}{\partial x}=y\mathrm{e}^{xy}+1$$

$$\frac{\partial z}{\partial y}=x\mathrm{e}^{xy}$$

然后分别求各二阶偏导数：

$$\frac{\partial^2 z}{\partial x^2}=y^2\mathrm{e}^{xy}\qquad \frac{\partial^2 z}{\partial x\partial y}=xy\mathrm{e}^{xy}+\mathrm{e}^{xy}=(1+xy)\mathrm{e}^{xy}$$

$$\frac{\partial^2 z}{\partial y^2}=x^2\mathrm{e}^{xy}\qquad \frac{\partial^2 z}{\partial y\partial x}=xy\mathrm{e}^{xy}+\mathrm{e}^{xy}=(1+xy)\mathrm{e}^{xy}$$

例 6　求函数 $z=\ln(x^2+y^2)$ 的两个二阶混合偏导数．

解　由 $\frac{\partial z}{\partial x}=\frac{2x}{x^2+y^2}$，可得

$$\frac{\partial^2 z}{\partial x \partial y} = -\frac{2x \cdot 2y}{(x^2+y^2)^2} = -\frac{4xy}{(x^2+y^2)^2}$$

再由$\frac{\partial z}{\partial y} = \frac{2y}{x^2+y^2}$，可得

$$\frac{\partial^2 z}{\partial y \partial x} = -\frac{2y \cdot 2x}{(x^2+y^2)^2} = -\frac{4xy}{(x^2+y^2)^2}$$

我们看到例5和例6中两个二阶混合偏导数是相等的，即

$$\frac{\partial^2 z}{\partial y \partial x} = \frac{\partial^2 z}{\partial x \partial y}$$

这个现象并非巧合，一般地有下述定理：

定理1　如果函数$z=f(x, y)$的两个二阶混合偏导数$\frac{\partial^2 z}{\partial x \partial y}$及$\frac{\partial^2 z}{\partial y \partial x}$在区域$D$内连续，则在该区域内有

$$\frac{\partial^2 z}{\partial x \partial y} = \frac{\partial^2 z}{\partial y \partial x}$$

这就是说，连续的二阶混合偏导数与其求导次序无关(证明从略).

这一定理可以推广到更高阶的偏导数中去，只要高阶偏导数连续，就与其求导次序无关.

三、全微分的概念及其计算

1. 全微分的概念

一元函数$y=f(x)$在点x_0处有增量Δx，相应地函数有增量Δy. 若

$$\Delta y = A\Delta x + o(\Delta x)$$

其中A是不依赖于Δx的常数，$A\Delta x$是Δx的线性函数，$o(\Delta x)$是比Δx高阶的无穷小，就称$y=f(x)$在点x_0可微分. 而线性主部$A\Delta x$就叫做函数$y=f(x)$在点x_0处的微分，记作$\mathrm{d}y$，即

$$\mathrm{d}y = A\Delta x$$

对于二元函数 $z=f(x, y)$ 也有类似的问题要研究，即当自变量在点 (x_0, y_0) 处有增量 Δx 与 Δy 时，相对地函数有增量(也称为全增量)

$$\Delta z = f(x_0+\Delta x, y_0+\Delta y) - f(x_0, y_0)$$

由于 x_0，y_0 固定，因此全增量 Δz 是 Δx 与 Δy 的函数．一般而言，计算全增量 Δz 比较复杂，我们希望能像一元函数那样用 Δx 和 Δy 的线性函数来近似代替全增量，这就是全微分的概念．

下面通过例子加以形象说明．

例 7　如图 7－28 所示，一块长方形金属薄片受加热影响，其边长由 x_0 变到 $x_0+\Delta x$，宽由 y_0 变到 $y_0+\Delta y$. 问此薄片的面积增加了多少？

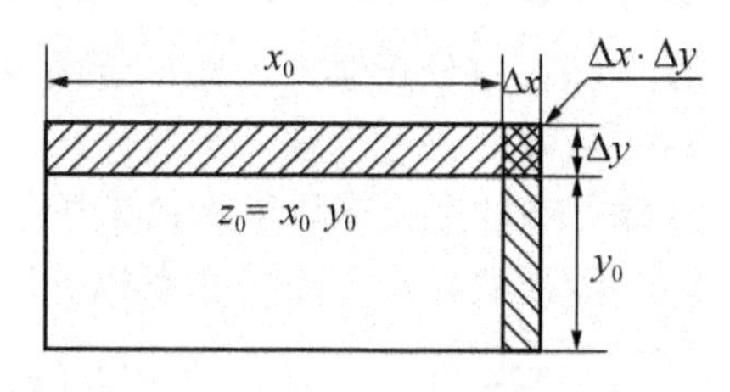

图 7－28

解　设薄片的面积增量为 Δz，

$$\begin{aligned}\Delta z &= (x_0+\Delta x)(y_0+\Delta y) - x_0y_0\\ &= y_0\Delta x + x_0\Delta y + \Delta x\Delta y\end{aligned}$$

由于 x_0，y_0 固定，故 $y_0\Delta x + x_0\Delta y$ 是 Δx 与 Δy 的线性函数．设 $\rho=\sqrt{(\Delta x)^2+(\Delta y)^2}$，

$$\left|\frac{\Delta x\Delta y}{\rho}\right| \leqslant \frac{\frac{1}{2}[(\Delta x)^2+(\Delta y)^2]}{\rho} = \frac{1}{2}\rho \to 0\ (\text{当}\ \rho\to 0\ \text{时})$$

即 $\Delta x\Delta y$ 是比 ρ 高阶的无穷小．因此，当 Δx，Δy 很小时，薄片的面积增量 Δz 可以近似地用它的主部来表示，即

$$\Delta z = y_0\Delta x + x_0\Delta y$$

这种表示方法具有普遍意义．

定义 2　设函数 $z=f(x, y)$ 在点 (x, y) 处的全增量

$$\Delta z = f(x+\Delta x, y+\Delta y) - f(x, y) \tag{3-2}$$

可表示为

$$\Delta z = A\Delta x + B\Delta y + o(\rho) \tag{3-3}$$

其中 A，B 仅与点 (x, y) 有关，而与 Δx，Δy 无关；$\rho=\sqrt{(\Delta x)^2+(\Delta y)^2}$，

$o(\rho)$是比ρ高阶的无穷小(当$\rho\to 0$时)，则称函数$z=f(x,y)$在点(x,y)可微分，而$A\Delta x+B\Delta y$称为函数$z=f(x,y)$在点(x,y)的全微分，记作$\mathrm{d}z$，即

$$\mathrm{d}z = A\Delta x + B\Delta y$$

若函数在区域D内各点处都可微分，则称该函数在D内可微分.

由式(3-2)可知，如果函数$z=f(x,y)$在点(x,y)处可微分，则函数在该点必连续.

事实上，这时当$\rho\to 0$时(即同时有$\Delta x\to 0$，$\Delta y\to 0$)，就有$\Delta z\to 0$，于是由式(3-1)得

$$\lim_{\rho\to 0} f(x+\Delta x, y+\Delta y) = \lim_{\rho\to 0}[f(x,y)+\Delta z] = f(x,y)$$

从而函数$z=f(x,y)$在点(x,y)处连续. 因此，若函数在点(x,y)处不连续，则函数在该点一定不可微分.

下面根据全微分与偏导数的定义来讨论函数在某点可微分的条件.

定理2(必要条件)　若函数$z=f(x,y)$在点(x,y)可微分，则该函数在点(x,y)的偏导数$\frac{\partial z}{\partial x}$，$\frac{\partial z}{\partial y}$必存在，且$z=f(x,y)$在点$(x,y)$的全微分为

$$\mathrm{d}z = \frac{\partial z}{\partial x}\Delta x + \frac{\partial z}{\partial y}\Delta y \tag{3-4}$$

证　设函数$z=f(x,y)$在点(x,y)可微分，则对于点(x,y)的某个邻域内的一点$(x+\Delta x, y+\Delta y)$，式(3-3)总成立. 特别，当$\Delta y=0$时式(3-3)也成立(图7-29)，这时$\rho=|\Delta x|$，所以式(3-3)成为

$$f(x+\Delta x, y) - f(x,y) = A\Delta x + o(|\Delta x|)$$

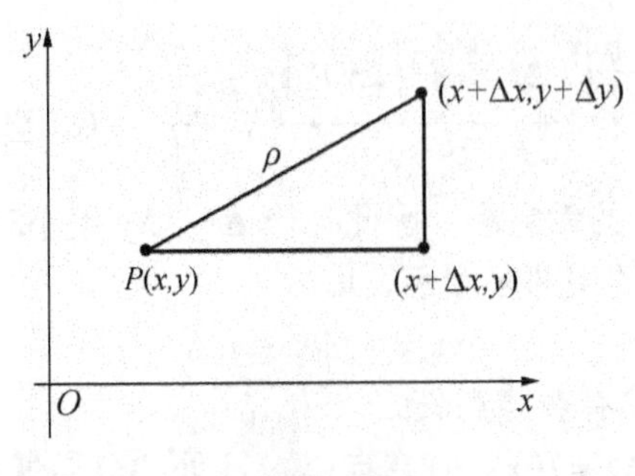

图7-29

上式两边同除以Δx，再令$\Delta x\to 0$而取极限，就得

$$\lim_{\Delta x\to 0}\frac{f(x+\Delta x,y)-f(x,y)}{\Delta x} = A$$

这就证明了偏导数 $\frac{\partial z}{\partial x}$ 存在且等于 A.

同理可证 $B=\frac{\partial z}{\partial y}$. 所以式(3－4)成立.

一元函数在某点的导数存在是微分存在的充分必要条件. 但对于二元函数来说，情况就不同了. 也就是说，当函数的各偏导数都存在时，我们尽管可以写出 $\frac{\partial z}{\partial x}\Delta x+\frac{\partial z}{\partial y}\Delta y$，但它与 Δz 之差并不一定是比 ρ 高阶的无穷小，因此它不一定是函数的全微分. 换句话说，偏导数存在只是全微分存在的必要条件而不是充分条件. 例如本节和第二节都讨论过函数

$$f(x,y)=\begin{cases}\dfrac{xy}{x^2+y^2} & (x^2+y^2\neq 0)\\ 0 & (x^2+y^2=0)\end{cases}$$

在点(0，0)处的两个偏导数都存在：$f_x(0,0)=0$，$f_y(0,0)=0$，但这函数在点(0，0)处不连续，因此是不可微分的，其全微分不存在. 那么，二元函数应满足什么条件才能保证它在点(x,y)可微分呢？下面给出函数可微分的充分条件.

定理3（充分条件）　**若函数** $z=f(x,y)$ **的偏导数** $\frac{\partial z}{\partial x},\frac{\partial z}{\partial y}$ **在点** (x,y) **连续，则函数在该点可微分**.

证明从略.

习惯上，我们将自变量的增量 Δx，Δy 分别记作 dx，dy，分别称为自变量 x，y 的微分. 这样，函数 $z=f(x,y)$ 的全微分就可写为

$$dz=\frac{\partial z}{\partial x}dx+\frac{\partial z}{\partial y}dy \tag{3-5}$$

上述关于二元函数的全微分的必要条件和充分条件，可以完全类似地推广到三元及三元以上的多元函数中去. 例如，三元函数 $u=f(x,y,z)$ 的全微分可表示为

$$du=\frac{\partial u}{\partial x}dx+\frac{\partial u}{\partial y}dy+\frac{\partial u}{\partial z}dz$$

例8　求函数 $z=xy$ 在点(2，3)处当 $\Delta x=0.1$，$\Delta y=0.2$ 时的全增量与全微分.

解　全增量

$$\Delta z=(x+\Delta x)(y+\Delta y)-xy$$
$$=(2+0.1)\times(3+0.2)-2\times3$$
$$=0.72$$

全微分
$$dz=\frac{\partial z}{\partial x}\Delta x+\frac{\partial z}{\partial y}\Delta y$$
$$=y\Delta x+x\Delta y$$

将 $x=2$，$y=3$，$\Delta x=0.1$ 及 $\Delta y=0.2$ 代入，可得

$$dz=3\times0.1+2\times0.2$$
$$=0.7$$

例 9 求函数 $z=x^{2y}$ 的全微分.

解 因为

$$\frac{\partial z}{\partial x}=2yx^{2y-1}\qquad \frac{\partial z}{\partial y}=2x^{2y}\ln x$$

所以
$$dz=2yx^{2y-1}dx+2x^{2y}\ln x dy$$

例 10 求函数 $z=\arctan(x\sqrt{y})$ 在点(1，1)处的全微分.

解
$$\frac{\partial z}{\partial x}=\frac{1}{1+(x\sqrt{y})^2}(x\sqrt{y})'_x=\frac{\sqrt{y}}{1+x^2y}$$

$$\frac{\partial z}{\partial y}=\frac{1}{1+(x\sqrt{y})^2}(x\sqrt{y})'_y=\frac{x\frac{1}{2\sqrt{y}}}{1+x^2y}$$

$$\left.\frac{\partial z}{\partial x}\right|_{(1,1)}=\frac{1}{2}\qquad \left.\frac{\partial z}{\partial y}\right|_{(1,1)}=\frac{1}{4}$$

所以
$$dz|_{(1,1)}=\frac{1}{2}dx+\frac{1}{4}dy$$

2. 全微分在近似计算中的应用

如果函数 $z=f(x,y)$ 在点 (x,y) 处可微，则当 $|\Delta x|$、$|\Delta y|$ 很小时有

$$\Delta z=f(x+\Delta x,y+\Delta y)-f(x,y)$$
$$\approx f_x(x,y)\Delta x+f_y(x,y)\Delta y \tag{3-6}$$

或

$$f(x+\Delta x,y+\Delta y)\approx f(x,y)+f_x(x,y)\Delta x+f_y(x,y)\Delta y \tag{3-7}$$

利用上述公式可以计算函数的近似值和函数增量的近似值.

例 11　计算$\sqrt{\dfrac{0.93}{1.02}}$的近似值．

解　设$z=f(x,y)=\sqrt{\dfrac{x}{y}}$，则

$$\frac{\partial z}{\partial x}=\frac{1}{2\sqrt{xy}}\qquad \frac{\partial z}{\partial y}=-\frac{1}{2y}\sqrt{\frac{x}{y}}$$

取$x=1$，$y=1$，$\Delta x=-0.07$，$\Delta y=0.02$，代入上述两式得$\dfrac{\partial z}{\partial x}=\dfrac{1}{2}$，$\dfrac{\partial z}{\partial y}=-\dfrac{1}{2}$. 而$f(1,1)=1$，注意到$|\Delta x|$及$|\Delta y|$都较小，故由近似公式(3－7)

$$f(x+\Delta x,y+\Delta y)\approx f(x,y)+f_x(x,y)\Delta x+f_y(x,y)\Delta y$$

可得

$$\sqrt{\frac{0.93}{1.02}}\approx 1+\frac{1}{2}\times(-0.07)-\frac{1}{2}\times 0.02=0.955$$

例 12　设有一无盖圆柱形容器，容器的壁与底的厚度均为 0.1cm，内高为 20cm，内半径为 4cm. 求容器外壳体积的近似值．

解　圆柱体的体积公式为$V=\pi R^2H$，圆柱形容器的外壳体积就是圆柱体体积V的增量ΔV(图 7－30)，而

$$\begin{aligned}\Delta V\approx \mathrm{d}V&=\frac{\partial V}{\partial R}\Delta R+\frac{\partial V}{\partial H}\Delta H\\&=2\pi RH\Delta R+\pi R^2\Delta H\end{aligned}$$

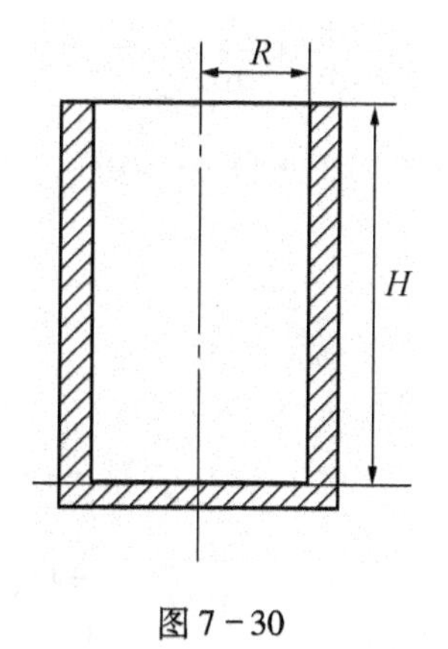

图 7－30

当 $R=4$，$H=20$，$\Delta R=\Delta H=0.1$ 时

$$\Delta V\approx 2\times 3.14\times 4\times 20\times 0.1+3.14\times 4^2\times 0.1$$
$$\approx 55.3$$

即容器外壳的体积大约是 55.3cm^3.

习题 7-3

1. 求下列函数的偏导数：

(1) $z=x^2+2xy-y^3$；　　(2) $z=\sqrt{x}y+\dfrac{x}{y}$；

(3) $z=\sqrt{\ln(xy)}$；　　(4) $z=\mathrm{e}^{\cos x}\cdot\sin y$；

(5) $z=(1+xy)^y$；　　(6) $r=\sqrt{x^2+y^2+z^2}$；

(7) $z=\sin(xy)+\cos^2(xy)$；　　(8) $z=\mathrm{e}^{-x}\sin y$；

(9) $z=y^x$；　　(10) $z=\dfrac{x+y}{x-y}$.

2. 设 $f(x,\ y)=\ln(\sqrt{x}+\sqrt{y})$. 求 $f_x(1,\ 1)$.

3. 设 $f(x,\ y)=\mathrm{e}^{-\sin x}(x+2y)$. 求 $f_y(0,\ 1)$.

4. 求下列函数的 $\dfrac{\partial^2 z}{\partial x^2},\dfrac{\partial^2 z}{\partial y^2}$ 和 $\dfrac{\partial^2 z}{\partial x\,\partial y}$：

(1) $z=2x^2+3xy-y^2$；　　(2) $z=\arctan\dfrac{y}{x}$.

5. 设 $z=x^y\ (x>0,\ x\neq 1)$. 证明：

$$\frac{x}{y}\frac{\partial z}{\partial x}+\frac{1}{\ln x}\frac{\partial z}{\partial y}=2z$$

6. 求函数 $z=\dfrac{y}{x}$ 在点 $(2,\ 1)$ 处当 $\Delta x=0.1$，$\Delta y=-0.2$ 时的全增量与全微分.

7. 设 $z=\mathrm{e}^{-x}\cos 2y$. 求 $\mathrm{d}z\big|_{(0,\pi)}$.

8. 求下列函数的全微分：

(1) $z=\mathrm{e}^{\frac{y}{x}}$；　　(2) $z=xy+\dfrac{x}{y}$；

(3) $u=x^{yz}$；　　(4) $z=\ln(1-x^2+\sqrt{y})$.

9. 计算 $(1.04)^{2.02}$ 的近似值.

第四节　多元复合函数的求导法则与隐函数求导

一、多元复合函数的求导法则

现在要将一元函数微分法中复合函数的求导法则推广到多元复合函数的情形．多元复合函数的求导法则在多元函数微分法中也起着重要作用．

下面按多元复合函数的几种不同情况讨论：

1．两个中间变量，一个自变量的情形

定理 1　**设** $z=f(u,v)$ **对点** (u,v) **具有连续偏导数，** $u=\varphi(t)$，$v=\psi(t)$，**则** $z=f[\varphi(t),\psi(t)]$ **对** t **可导，且有**

$$\frac{\mathrm{d}z}{\mathrm{d}t}=\frac{\partial z}{\partial u}\frac{\mathrm{d}u}{\mathrm{d}t}+\frac{\partial z}{\partial v}\frac{\mathrm{d}v}{\mathrm{d}t}\tag{4-1}$$

公式(4－1)可推广到中间变量多于两个的情形．例如，设 $z=f(u,v,w)$ 对点 (u,v,w) 具有连续偏导数，$u=\varphi(t)$，$v=\psi(t)$，$w=\omega(t)$ 对 t 可导，则 $z=f[\varphi(t),\psi(t),\omega(t)]$ 对 t 可导，且有

$$\frac{\mathrm{d}z}{\mathrm{d}t}=\frac{\partial z}{\partial u}\frac{\mathrm{d}u}{\mathrm{d}t}+\frac{\partial z}{\partial v}\frac{\mathrm{d}v}{\mathrm{d}t}+\frac{\partial z}{\partial w}\frac{\mathrm{d}w}{\mathrm{d}t}\tag{4-2}$$

在公式(4－1)及(4－2)中的 $\frac{\mathrm{d}z}{\mathrm{d}t}$ 称为全导数．

例 1　设 $z=u^2v$，$u=\cos t$，$v=\sin t$．求 $\frac{\mathrm{d}z}{\mathrm{d}t}$．

解　根据全导数公式(4－1)，得

$$\frac{\mathrm{d}z}{\mathrm{d}t}=2uv(-\sin t)+u^2\cos t$$

将 $u=\cos t$，$v=\sin t$ 代入上式，得

$$\frac{\mathrm{d}z}{\mathrm{d}t}=\cos^3 t-2\sin^2 t\cos t$$

全导数实际上是一元函数的导数，只是求导的过程可以借助偏导数来完成．对于某些简单情形，如本例，可以先将 $u=\cos t$，$v=\sin t$ 代入函数 $z=u^2v$，再对 t 求导，也可得到同样结果．

2．两个中间变量，两个自变量的情形

定理 2　**设** $z=f(u,v)$ **对点** (u,v) **具有连续偏导数，** $u=\varphi(x,y)$，$v=$

$\psi(x, y)$均对x及对y有偏导数，则$z=f[\varphi(x, y), \psi(x, y)]$对$x$及对$y$有偏导数，且有

$$\frac{\partial z}{\partial x}=\frac{\partial z}{\partial u}\frac{\partial u}{\partial x}+\frac{\partial z}{\partial v}\frac{\partial v}{\partial x} \tag{4-3}$$

$$\frac{\partial z}{\partial y}=\frac{\partial z}{\partial u}\frac{\partial u}{\partial y}+\frac{\partial z}{\partial v}\frac{\partial v}{\partial y} \tag{4-4}$$

事实上，这里求$\frac{\partial z}{\partial x}$时，将$y$看作常量，因此$u=\varphi(x,y)$及$v=\psi(x,y)$仍可看作一元函数应用定理1，但由于复合函数$z=f[\varphi(x, y), \psi(x, y)]$以及$u=\varphi(x, y)$和$v=\psi(x, y)$都是$x$，$y$的二元函数，所以应把式(4－1)中的d改为“∂”，这样便由式(4－1)得式(4－3)。同理由式(4－1)可得式(4－4).

类似地，设$z=f(u, v, w)$具有连续偏导数，而$u=\varphi(x, y)$，$v=\psi(x,y)$，$w=\omega(x, y)$都具有偏导数，则复合函数$z=f[\varphi(x, y), \psi(x, y), \omega(x, y)]$有对$x$，$y$的偏导数，且

$$\frac{\partial z}{\partial x}=\frac{\partial f}{\partial u}\frac{\partial u}{\partial x}+\frac{\partial f}{\partial v}\frac{\partial v}{\partial x}+\frac{\partial f}{\partial w}\frac{\partial w}{\partial x} \tag{4-5}$$

$$\frac{\partial z}{\partial y}=\frac{\partial f}{\partial u}\frac{\partial u}{\partial y}+\frac{\partial f}{\partial v}\frac{\partial v}{\partial y}+\frac{\partial f}{\partial w}\frac{\partial w}{\partial y} \tag{4-6}$$

例2 设$z=\mathrm{e}^u\sin v$，而$u=xy$，$v=x+y$，求$\frac{\partial z}{\partial x},\frac{\partial z}{\partial y}$.

解 根据复合函数的求导公式(4－3)和公式(4－4)，得

$$\begin{aligned}\frac{\partial z}{\partial x}&=\frac{\partial z}{\partial u}\frac{\partial u}{\partial x}+\frac{\partial z}{\partial v}\frac{\partial v}{\partial x}\\&=\mathrm{e}^u\cdot\sin v\cdot y+\mathrm{e}^u\cos v\cdot 1\\&=\mathrm{e}^{xy}[y\sin(x+y)+\cos(x+y)]\end{aligned}$$

$$\begin{aligned}\frac{\partial z}{\partial y}&=\frac{\partial z}{\partial u}\frac{\partial u}{\partial y}+\frac{\partial z}{\partial v}\frac{\partial v}{\partial y}\\&=\mathrm{e}^u\cdot\sin v\cdot x+\mathrm{e}^u\cos v\cdot 1\\&=\mathrm{e}^{xy}[x\sin(x+y)+\cos(x+y)]\end{aligned}$$

与例1类似，本例也可以先将$u=xy$，$v=x+y$代入$z=\mathrm{e}^u\sin v$，再分别对x，y求偏导数，其结果是一样的.

3. 复合函数的某些中间变量本身又是复合函数的自变量

例如，设$z=f(u, x, y)$具有连续偏导数，而$u=\varphi(x, y)$具有偏导数，

则复合函数 $z=f[\varphi(x,\ y),\ x,\ y]$ 可以看作情形 2 中公式(4－5)及(4－6)的特殊情形，其中 $v=x$，$w=y$. 因此 $\frac{\partial v}{\partial x}=1$，$\frac{\partial w}{\partial x}=0$；$\frac{\partial v}{\partial y}=0$，$\frac{\partial w}{\partial y}=1$.

从而复合函数 $z=f[\varphi(x,y),x,y]$ 有对自变量 x 及 y 的偏导数，且由公式(4－5)及(4－6)得

$$\frac{\partial z}{\partial x}=\frac{\partial f}{\partial u}\frac{\partial u}{\partial x}+\frac{\partial f}{\partial x} \tag{4-7}$$

$$\frac{\partial z}{\partial y}=\frac{\partial f}{\partial u}\frac{\partial u}{\partial y}+\frac{\partial f}{\partial y} \tag{4-8}$$

注意，这里 $\frac{\partial z}{\partial x}$ 与 $\frac{\partial f}{\partial x}$ 是不同的，$\frac{\partial z}{\partial x}$ 是把 $f[\varphi(x,y),x,y]$ 中的 y 看作不变而对 x 的偏导数，$\frac{\partial f}{\partial x}$ 是把 $f(u,x,y)$ 中的 u 及 y 看作不变而对 x 的偏导数. $\frac{\partial z}{\partial y}$ 与 $\frac{\partial f}{\partial y}$ 也有类似的区别.

例 3　设 $z=xy+u$，$u=x^2\sin y$. 求 $\frac{\partial z}{\partial x}$，$\frac{\partial^2 z}{\partial x^2}$.

解

$$\frac{\partial z}{\partial x}=y+\frac{\partial u}{\partial x}=y+2x\sin y$$

$$\frac{\partial^2 z}{\partial x^2}=2\sin y$$

例 4　设 $z=f(u,\ v)$，$u=xy$，$v=x+y$，求 $\frac{\partial z}{\partial x}$，$\frac{\partial z}{\partial y}$.

解　这里函数 $z=f(u,\ v)$ 是以抽象形式出现的，应直接用公式(4－3)及(4－4)即可解决问题，即

$$\frac{\partial z}{\partial x}=\frac{\partial f}{\partial u}\frac{\partial u}{\partial x}+\frac{\partial f}{\partial v}\frac{\partial v}{\partial x}=\frac{\partial f}{\partial u}y+\frac{\partial f}{\partial v}$$

$$\frac{\partial z}{\partial y}=\frac{\partial f}{\partial u}\frac{\partial u}{\partial y}+\frac{\partial f}{\partial v}\frac{\partial v}{\partial y}=\frac{\partial f}{\partial u}x+\frac{\partial f}{\partial v}$$

本例如果先将 $u=xy$，$v=x+y$ 代入 $z=f(u,\ v)$ 再对 x，y 求偏导数就

不能直接解决问题．可见前面介绍的那些公式是专门应对抽象函数求导的.

例5 设 $z=f(x+y,\ xy)$，f 具有二阶连续偏导数．求 $\frac{\partial z}{\partial x},\frac{\partial^2 z}{\partial x\partial y}$.

解 令 $u=x+y$，$v=xy$，则 $z=f(u,\ v)$．为了表达简便，引入以下记号：

$$f_1'(u,v)=f_u(u,v)$$
$$f_{12}''(u,v)=f_{uv}(u,v)$$

这里下标 1 表示对第一个中间变量 u 求偏导数，下标 2 表示对第二个中间变量 v 求偏导数。同理有 f_2'，f_{11}''，f_{12}''，等等。

因所给函数由 $z=f(u,\ v)$ 及 $u=x+y$，$v=xy$ 复合而成，根据复合函数求导公式(4－3)有

$$\begin{aligned}\frac{\partial z}{\partial x}&=\frac{\partial f}{\partial u}\frac{\partial u}{\partial x}+\frac{\partial f}{\partial v}\frac{\partial v}{\partial x}\\&=f_1'(x+y,xy)+f_2'(x+y,xy)\cdot y\end{aligned}$$

于是
$$\begin{aligned}\frac{\partial^2 z}{\partial x\,\partial y}&=f_{11}''\times 1+f_{12}''\cdot x+(f_{21}''\times 1+f_{22}''\cdot x)y+f_2'\times 1\\&=f_{11}''+(x+y)f_{12}''+xyf_{22}''+f_2'\end{aligned}$$

例6 设 $z=xy\sin u$，$u=\sqrt{x+y}$. 求 $\frac{\partial z}{\partial x}$.

解 方法一 将 u 代入 $z=xy\sin u$，得

$$z=xy\sin\sqrt{x+y}$$

所以
$$\frac{\partial z}{\partial x}=y\sin\sqrt{x+y}+xy\cos\sqrt{x+y}\cdot\frac{1}{2\sqrt{x+y}}$$

方法二 根据公式(4－7)

$$\frac{\partial z}{\partial x}=\frac{\partial f}{\partial u}\frac{\partial u}{\partial x}+\frac{\partial f}{\partial x}$$

得
$$\begin{aligned}\frac{\partial z}{\partial x}&=xy\cos u\cdot\frac{1}{2\sqrt{x+y}}+y\sin u\\&=xy\cos\sqrt{x+y}\cdot\frac{1}{2\sqrt{x+y}}+y\sin\sqrt{x+y}\end{aligned}$$

二、隐函数的求导公式

1. 由方程 $F(x,\ y)=0$ 确定的隐函数 $y=y(x)$ 的求导公式

在一元微分法中，我们已学过隐函数的求导方法，但未能给出一般的

求导公式．现在根据多元复合函数的求导法导出一元隐函数的求导公式．

设方程 $F(x, y)=0$ 确定了隐函数 $y=y(x)$，则将它代入原方程，得恒等式

$$F(x,y(x)) \equiv 0$$

其左端可以看作是 x 的一个复合函数．求这个函数的全导数，得

$$\frac{\partial F}{\partial x}+\frac{\partial F}{\partial y}\frac{\mathrm{d}y}{\mathrm{d}x}=0$$

若 $F_y \neq 0$，则有

$$\frac{\mathrm{d}y}{\mathrm{d}x}=-\frac{F_x}{F_y} \tag{4-9}$$

这就是一元隐函数的求导公式．

例 7　设方程 $x^2+y^2=2x$ 确定隐函数 $y=y(x)$．求 $\frac{\mathrm{d}y}{\mathrm{d}x}$.

解　设 $F(x, y)=x^2+y^2-2x$，则 $F_x=2x-2$，$F_y=2y$，由公式(4－9)得

$$\begin{aligned}\frac{\mathrm{d}y}{\mathrm{d}x}&=-\frac{F_x}{F_y}\\&=-\frac{2x-2}{2y}\\&=\frac{1-x}{y}\end{aligned}$$

2. 由方程 $F(x, y, z)=0$ 确定的隐函数 $z=z(x, y)$ 的求导公式

设方程 $F(x, y, z)=0$ 确定了隐函数 $z=z(x, y)$．若 F_x，F_y，F_z 连续，且 $F_z \neq 0$，则可仿照一元函数的隐函数的求导公式和二元复合函数的求导法则推导，得出 z 对 x、y 的两个偏导数的求导公式．

将 $z=z(x, y)$ 代入原方程，得恒等式

$$F(x,y,z(x,y)) \equiv 0$$

两端分别对 x，y 求偏导数，得

$$F_x+F_z\frac{\partial z}{\partial x}=0$$

$$F_y+F_z\frac{\partial z}{\partial y}=0$$

于是得

$$\left.\begin{aligned}\frac{\partial z}{\partial x}&=-\frac{F_x}{F_z}\\\frac{\partial z}{\partial y}&=-\frac{F_y}{F_z}\end{aligned}\right\}\qquad(4-10)$$

这就是二元隐函数的求导公式.

例8 设方程$\frac{x}{z}=\ln\frac{z}{y}$确定隐函数$z=z(x,y)$. 求$\frac{\partial z}{\partial x}$及$\frac{\partial z}{\partial y}$.

解 令$F(x,y,z)=\frac{x}{z}-\ln z+\ln y$，则

$$F_x=\frac{1}{z}\qquad F_y=\frac{1}{y}\qquad F_z=-\frac{x}{z^2}-\frac{1}{z}=-\frac{x+z}{z^2}$$

利用公式(4－10)，得

$$\frac{\partial z}{\partial x}=-\frac{F_x}{F_z}=\frac{z}{x+z}$$

$$\frac{\partial z}{\partial y}=-\frac{F_y}{F_z}=\frac{z^2}{y(x+z)}$$

例9 设$x^2+y^2+z^2-4z=0$. 求$\frac{\partial^2 z}{\partial x^2}$.

解 令$F(x,y,z)=x^2+y^2+z^2-4z$，则$F_x=2x$，$F_z=2z-4$. 当$z\neq 2$时，应用公式(4－10)，得

$$\frac{\partial z}{\partial x}=-\frac{F_x}{F_z}=\frac{x}{2-z}$$

再对x求偏导数，得

$$\begin{aligned}\frac{\partial^2 z}{\partial x^2}&=\frac{(2-z)+x\frac{\partial z}{\partial x}}{(2-z)^2}\\&=\frac{(2-z)+x\left(\frac{x}{2-z}\right)}{(2-z)^2}\\&=\frac{(2-z)^2+x^2}{(2-z)^3}\end{aligned}$$

习题 7－4

1. 设 $z=uv$，$u=e^{t}$，$v=\cos t$. 求全导数$\frac{dz}{dt}$.

2. 设 $z=3\sin y+\cos x$，$y=2x$. 求全导数$\left.\frac{dz}{dx}\right|_{x=0}$.

3. 设 $z=u^{2}\ln v$，$u=\frac{x}{y}$，$v=3x-2y$. 求 $\frac{\partial z}{\partial x}$，$\frac{\partial z}{\partial y}$.

4. 设 $z=f(e^{xy})$，其中$f(u)$可导．求 $\frac{\partial z}{\partial x}$，$\frac{\partial z}{\partial y}$.

5. 求下列函数的一阶偏导数(其中f可微)：

(1) $u=f(x^{2}-y^{2},\ e^{xy})$；　　(2) $u=f\left(\frac{x}{y},\ \frac{y}{z}\right)$；

(3) $u=f(x,\ xy,\ xyz)$.

6. 设 $z=xyf\left(\frac{y}{x}\right)$，$f(u)$可导．证明：

$$x\frac{\partial z}{\partial x}+y\frac{\partial z}{\partial y}=2z$$

7. 设 $\sin y+e^{x}-xy^{2}=0$ 确定函数 $y=y(x)$. 求$\frac{dy}{dx}$.

8. 已知 $\ln\sqrt{x^{2}+y^{2}}=\arctan\frac{y}{x}$确定了函数 $y=\varphi(x)$. 求$\frac{dy}{dx}$.

9. 设 $x+2y+z-2\sqrt{xyz}=0$ 确定了函数 $z=f(x,\ y)$. 求 $\frac{\partial z}{\partial x}$，$\frac{\partial z}{\partial y}$.

10. 设 $2\sin(x+2y-3z)=x+2y-3z$ 确定函数 $z=f(x,\ y)$. 证明：

$$\frac{\partial z}{\partial x}+\frac{\partial z}{\partial y}=1$$

11. 设 $e^{z}-xyz=0$ 确定函数 $z=f(x,\ y)$. 求 $\frac{\partial^{2}z}{\partial x^{2}}$.

第五节　偏导数的应用

在一元微积分中，利用导数可以求得一元函数的极值．类似地，利用函数的偏导数也可以求得多元函数的极值，从而进一步解决多元函数的最大值、最小值问题．

一、多元函数的极值

定义 1 设函数 $z=f(x, y)$ 在点 (x_0, y_0) 的某个邻域内有定义，对于该邻域内异于 (x_0, y_0) 的点 (x, y)，如果都有

$$f(x,y) < f(x_0,y_0)$$

则称函数在点 (x_0, y_0) 有极大值 $f(x_0, y_0)$；如果都有

$$f(x,y) > f(x_0,y_0)$$

则称函数在点 (x_0, y_0) 有极小值 $f(x_0, y_0)$.

极大值和极小值统称为极值．使函数取得极值的点称为极值点．

类似地可定义三元函数 $w=f(x, y, z)$ 的极大值和极小值．

例 1 函数 $z=\sqrt{1-x^2-y^2}$ 在点(0, 0)处有极大值 1. 因为对于点(0, 0)的一邻域内异于(0, 0)的点，函数值都小于 1. 而在点(0, 0)处的函数值为 1，从几何上看这是显然的，因为点(0, 0, 1)正是上半球面 $z=\sqrt{1-x^2-y^2}$ 的最高点(图 7－31).

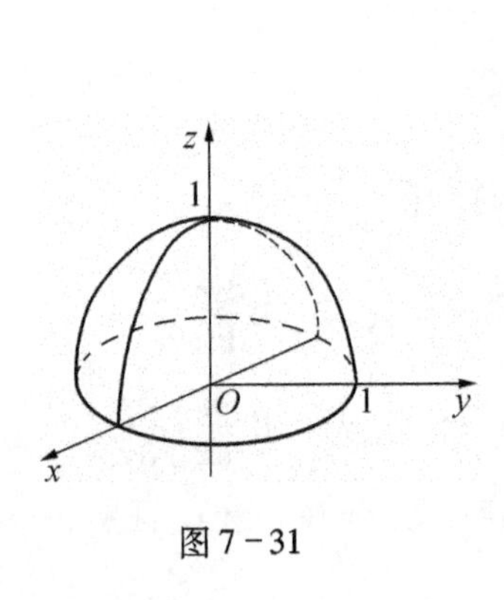

图 7－31

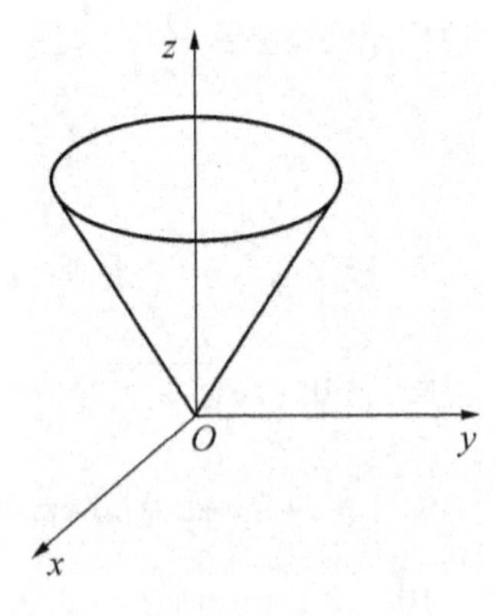

图 7－32

例 2 函数 $z=\sqrt{x^2+y^2}$ 在点(0, 0)处有极小值. 因为在点(0, 0)处函数值为 0，而对于任何异于(0, 0)的点，函数值都大于 0. 点(0, 0, 0)是位于 xOy 面上方的圆锥面的顶点(图 7－32).

例 3 函数 $z=xy$ 在点(0, 0)处既不取得极大值，也不取得极小值. 因为在点(0, 0)处的函数值为零，而在点(0, 0)的任一邻域内总有使函数值为正的点，也有使函数值为负的点．

下面给出解决二元函数极值问题的两个定理．

定理 1(极值存在的必要条件) **设函数** $z=f(x, y)$ **在点** (x_0, y_0) **具有**

偏导数，且在点(x_0, y_0)处有极值，则有

$$f_x(x_0,y_0)=0$$
$$f_y(x_0,y_0)=0$$

证　因点(x_0, y_0)是函数$z=f(x, y)$的极值点，如果固定变量$y=y_0$，则$z=f(x, y_0)$是一元函数，且在$x=x_0$处取得极值，于是$f_x(x_0, y_0)=0$.

同理可证$f_y(x_0, y_0)=0$.

同时满足方程组

$$\begin{cases} f_x(x_0,y_0)=0 \\ f_y(x_0,y_0)=0 \end{cases}$$

的点(x_0, y_0)称为函数$f(x, y)$的驻点.

类似地可推得，如果三元函数$u=f(x, y, z)$在点(x_0, y_0, z_0)具有偏导数，则它在点(x_0, y_0, z_0)取得极值的必要条件为

$$f_x(x_0,y_0,z_0)=0$$
$$f_y(x_0,y_0,z_0)=0$$
$$f_z(x_0,y_0,z_0)=0$$

从定理1可知，具有偏导数的函数的极值点必定是驻点，但函数的驻点不一定是极值点. 例如，点$(0, 0)$是函数$z=xy$的驻点，但函数在该点并无极值。

定理2(极值存在的充分条件)　**设函数$z=f(x, y)$在点(x_0, y_0)的某邻域内具有二阶连续偏导数，且$f_x(x_0, y_0)=0$，$f_y(x_0, y_0)=0$. 记$A=f_{xx}(x_0, y_0)$，$B=f_{xy}(x_0, y_0)$，$C=f_{yy}(x_0, y_0)$，则**

(1)当$AC-B^2>0$时，函数$z=f(x, y)$在点(x_0, y_0)处取得极值，且当$A<0$时有极大值，当$A>0$时有极小值；

(2)当$AC-B^2<0$时，函数在点(x_0, y_0)没有极值；

(3)当$AC-B^2=0$时，函数在点(x_0, y_0)可能有极值，也可能没有极值.

证明从略.

综上所述，若函数$z=f(x, y)$有二阶连续偏导数，可按下列步骤求极值：

①求偏导数f_x，f_y，f_{xx}，f_{xy}，f_{yy}；

②解方程组

$$\begin{cases} f_x(x,y)=0 \\ f_y(x,y)=0 \end{cases}$$

求出驻点(x_0, y_0)；

③求出驻点处的$A=f_{xx}(x_0, y_0)$，$B=f_{xy}(x_0, y_0)$，$C=f_{yy}(x_0, y_0)$的值，并确定$AC-B^2$的符号，判定出极值点，求出极值．

例 4 求函数$f(x, y)=x^3+y^3-3xy$的极值．

解 ①求偏导数

$$f_x(x,y)=3x^2-3y \qquad f_y(x,y)=3y^2-3x$$

$$f_{xx}(x,y)=6x \qquad f_{xy}(x,y)=-3 \qquad f_{yy}(x,y)=6y$$

②解方程组

$$\begin{cases}3x^2-3y=0\\3y^2-3x=0\end{cases}$$

得驻点(1，1)，(0，0)．

③在点(1，1)处，$A=6$，$B=-3$，$C=6$，$AC-B^2=36-9=27>0$，且$A>0$，故$f(x, y)$在(1，1)处取得极小值$f(1, 1)=-1$．

在点(0，0)处，$A=0$，$B=-3$，$C=0$，$AC-B^2=-9<0$，故$f(x, y)$在点(0，0)处没有极值．

二、多元函数的最大值和最小值

与一元函数类似，若函数$z=f(x, y)$在有界闭区域D上连续，则$f(x, y)$在D上必定取得最大值和最小值．这种使函数取得最大值或最小值的点既可能在D的内部，也可能在D的边界上．在可微的前提下，如果其最值在区域D内部取得，这个最值点必定在区域的驻点中；如果该函数的最值在区域的边界上取得，那么它也应该是函数在边界上的最值．因此，求多元函数最值的方法是：将函数在所讨论的区域内的所有驻点处的函数值，与函数在区域的边界上的最值相比较，其中最大者就是函数在区域上的最大值，最小者就是函数在区域上的最小值．但这种求法，由于要求出$f(x, y)$在D的边界上的最大值和最小值，所以往往相当复杂．在通常遇到的实际问题中，如果根据问题的性质，知道函数$f(x, y)$的最大值(最小值)一定在区域D的内部取得，且函数在D内只有一个驻点，那么可以肯定该驻点处的函数值就是函数$f(x, y)$在D上的最大值(最小值)．

例 5 要用铁板做一个体积为 $2\mathrm{m}^3$ 的有盖长方体水箱，问当长、宽、高各取怎样的尺寸时，才能使用料最省？

解 设水箱的长为 x，宽为 y，则其高应为$\dfrac{2}{xy}$，此水箱所用材料的面积为

$$S = 2\left(xy + y \cdot \frac{2}{xy} + x \cdot \frac{2}{xy}\right)$$

即

$$S = 2\left(xy + \frac{2}{x} + \frac{2}{y}\right) \quad (x > 0, y > 0)$$

可见，材料面积 S 是 x 和 y 的二元函数．令

$$\begin{cases} S_x = 2\left(y - \dfrac{2}{x^2}\right) = 0 \\ S_y = 2\left(x - \dfrac{2}{y^2}\right) = 0 \end{cases}$$

解方程组得 $x = \sqrt[3]{2}$，$y = \sqrt[3]{2}$.

根据题意可知，水箱所用材料面积的最小值一定存在，并在区域 D：$x > 0$，$y > 0$ 内取得．又函数在 D 内只有唯一的驻点$(\sqrt[3]{2}, \sqrt[3]{2})$，因此可断定当 $x = \sqrt[3]{2}$，$y = \sqrt[3]{2}$时，S 取得最小值．这就是说，当水箱的长为$\sqrt[3]{2}$ m、宽为$\sqrt[3]{2}$ m、高为$\dfrac{2}{\sqrt[3]{2} \cdot \sqrt[3]{2}} = \sqrt[3]{2}$ m 时，做水箱所用的材料最省．

例 6 某厂家生产的一种设备同时在国内和国际两个市场销售，售价分别为 p_1 和 p_2(万元/千台)．已知两个市场需求量分别是

$$q_1 = 10 - 0.05p_1$$
$$q_2 = 45 - 0.25p_2$$

固定成本 735 万元，每生产 1 千台需要成本 40 万元．问厂家应该如何确定两个市场的售价才能使获得的总利润最大？最大利润是多少？

解 总收入函数

$$\begin{aligned} R &= p_1q_1 + p_2q_2 \\ &= p_1(10 - 0.05p_1) + p_2(45 - 0.25p_2) \\ &= 10p_1 - 0.05{p_1}^2 + 45p_2 - 0.25{p_2}^2 \end{aligned}$$

总成本函数

$$\begin{aligned}C &= 735 + 40(q_1 + q_2)\\&= 735 + 40(10 - 0.05p_1 + 45 - 0.25p_2)\\&= 2\,935 - 2p_1 - 10p_2\end{aligned}$$

因而总利润函数

$$\begin{aligned}L &= R - C\\&= 10p_1 - 0.05{p_1}^2 + 45p_2 - 0.25{p_2}^2 - (2\,935 - 2p_1 - 10p_2)\\&= 12p_1 - 0.05{p_1}^2 + 55p_2 - 0.25{p_2}^2 - 2\,935\end{aligned}$$

令
$$\begin{cases}\dfrac{\partial L}{\partial p_1} = 12 - 0.1p_1 = 0\\[2ex]\dfrac{\partial L}{\partial p_2} = 55 - 0.5p_2 = 0\end{cases}$$

得唯一驻点 $p_1 = 120$，$p_2 = 110$.

根据题意，存在最大利润，厂家应确定国内售价 120 万元/千台，国外售价 110 万元/千台时，获利最大，最大利润是 $L(120, 110) = 810$ 万元.

三、条件极值　拉格朗日乘数法

前面所讨论的极值问题，对于函数的自变量除限制在函数的定义域内以外，并无其他条件，所以有时也称为无条件极值. 但在实际问题中，有时会遇到对函数的自变量还有附加条件的极值问题.

例如，求函数 $z = x^2 + y^2$ 的极小值，显然在点(0, 0)处，z 就取得极小值为0，这是无条件极值. 现在给自变量附加一个条件：

$$\varphi(x,y) = x + y - 1 = 0$$

再求 z 的极值. 这就是条件极值问题. 显然，条件极值不可能在点(0, 0)处取得，因为原点的坐标不满足附加条件的方程. 从几何上看，函数 $z = x^2 + y^2$ 的无条件极值与条件极值的差异是明显的：前者是求旋转抛物面 $z = x^2 + y^2$ 所有点的竖坐标的极小值，极小值在旋转抛物面的顶点处取得；而后者是旋转抛物面 $z = x^2 + y^2$ 被平面 $x + y - 1 = 0$ 所截，是在截痕曲线上求各点竖坐标的极小值，如图 7－33 所示. 为了求出这个条件极小值，可将条件 $y = 1 - x$ 代入函数 $z = x^2 + y^2$，将其化为一元函数. 再求极值：

$$z = x^2 + (1 - x)^2$$

$$= 2x^2 - 2x + 1$$

令 $\dfrac{dz}{dx} = 4x - 2 = 0$. 解得 $x = \dfrac{1}{2}$,从而得 $y = \dfrac{1}{2}$.

又 $\dfrac{d^2z}{dx^2} = 4 > 0$,所以这个条件极值在点 $(\dfrac{1}{2},\dfrac{1}{2},0)$ 处取得，且 $z = \dfrac{1}{2}$ 是极小值(也是最小值).

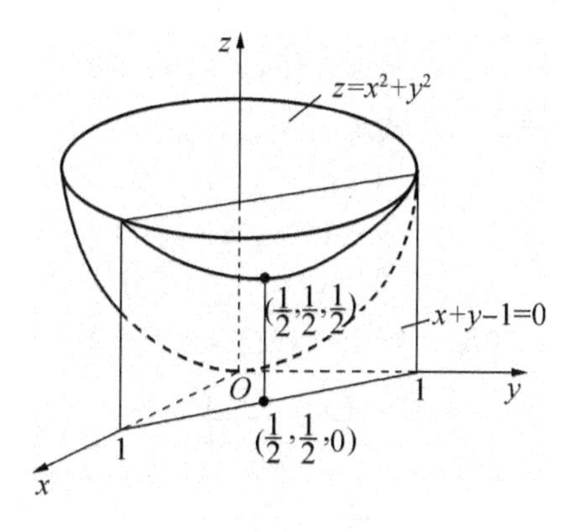

图 7－33

注意到上述求条件极值的方法是，从已知条件

$$\varphi(x, y) = x + y - 1 = 0$$

解出 $y = 1 - x$，将二元函数 $z = x^2 + y^2$ 化成一元函数，再求极限的．显然，若附加条件不能显化，那么此法就失效，同时此法也不便于推广．为了克服这些缺点，下面介绍解条件极值的一般方法——拉格朗日乘数法．

设函数 $z = f(x, y)$ 和 $\varphi(x, y)$ 都可微．求函数 $z = f(x, y)$ 在附加条件 $\varphi(x, y) = 0$ 下的极值．

①构造拉格朗日函数

$$L(x,y) = f(x,y) + \lambda\varphi(x,y)$$

其中 λ 称为拉格朗日乘数．

②建立方程组

$$\begin{cases} f_x(x,y) + \lambda\varphi_x(x,y) = 0 \\ f_y(x,y) + \lambda\varphi_y(x,y) = 0 \\ \varphi(x,y) = 0 \end{cases}$$

③由方程组解出 x，y 及 λ 的值，则 (x, y) 就是可能极值点的坐标．

上述方法完全可以推广到二元以上的函数和附加条件多于一个的情

形.

例7 求表面积为 a^2 而体积最大的长方体的体积.

解 设长方体的三棱长为 x，y，z，则问题就是在条件

$$\varphi(x,y,z) = 2xy + 2yz + 2xz - a^2 = 0 \tag{5-1}$$

下，求函数

$$V = xyz \quad (x > 0,\ y > 0,\ z > 0)$$

的最大值. 作拉格朗日函数

$$L(x,y,z) = xyz + \lambda(2xy + 2yz + 2xz - a^2)$$

求其对 x，y，z 的偏导数，并使之为零，得：

$$\begin{cases} yz + 2\lambda(y+z) = 0 \\ xz + 2\lambda(x+z) = 0 \\ xy + 2\lambda(y+x) = 0 \end{cases} \tag{5-2}$$

因 x，y，z 都不等于零，所以由式(5-2)可得

$$\frac{x}{y} = \frac{x+z}{y+z}$$

$$\frac{y}{z} = \frac{x+y}{x+z}$$

进而解得 $x=y=z$. 将其代入式(5-1)，便得

$$x = y = z = \frac{\sqrt{6}}{6}a$$

这是唯一可能的极值点. 因为由问题本身可知最大值一定存在，所以最大值就在这个可能的极值点处取得. 即表面积为 a^2 的长方体中，以棱长为$\frac{\sqrt{6}}{6}a$ 的正方体的体积最大，最大体积 $V=\frac{\sqrt{6}}{36}a^3$.

习题7-5

1. 求下列函数的极值：

(1)$f(x,\ y)=4(x-y)-x^2-y^2$；　(2)$f(x,\ y)=(6x-x^2)(4y-y^2)$；

(3)$f(x,\ y)=e^{2x}(x+y^2+2y)$；　(4)$f(x,\ y)=x^2-xy+y^2-2x+y$.

2. 求函数 $z=xy$ 在附加条件 $x+y=1$ 下的极大值.

3. 从斜边长为 l 的所有直角三角形中，求最大周长的直角三角形.

4. 求内接于半径为 a 的球且有最大体积的长方体.

5. 某工厂收入 R 是以下两种可控决策量的函数：设 x_1 代表以千元为

单位的用于储存的投资，x_2 代表以千元为单位的用于广告的开支，则以千元为单位的收入

$$R(x_1,x_2) = -3x_1^2 + 2x_1x_2 - 6x_2^2 + 30x_1 + 24x_2 - 86$$

试求最大收入额及产生该收入的储存投资及广告开支.

6. 设某企业生产一种产品的数量 Q 与所用两种原材料 A，B 的数量 x，y 有关系式：$Q(x, y) = 0.005x^2y$. 现欲用 150 元购料，已知 A，B 原料的单价分别为 1 元、2 元，问购进两种原料各多少，可使生产的数量最多？

第六节　二重积分

我们在第五章讨论了定积分及其应用. 定积分的被积函数是一元函数，积分范围是数轴上的区间，因而它一般只能用来计算与某一区间有关的总量问题. 但是在科学技术中常常还需要计算与多元函数及平面区域或空间区域有关的问题，例如平面区域的面积、空间区域的体积、平面薄板的质量等等，因此有必要在一元函数积分的基础上继续讨论多元函数的积分. 本节重点介绍二重积分的概念、性质、计算及其一些应用.

一、二重积分的概念

1. 求曲顶柱体的体积

例 1　设有一立体，它的底是 xOy 面上的闭区域 D，它的侧面是以 D 的边界曲线为准线而母线平行于 z 轴的柱面，它的顶是曲面 $z = f(x, y)$，其中 $f(x, y)$ 是 D 上的非负连续函数.

这种立体称为曲顶柱体(图 7-34). 现在要计算它的体积 V.

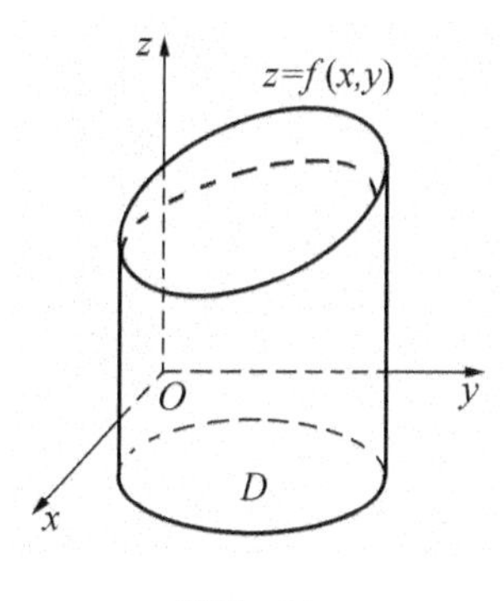

图 7-34

我们知道，平顶柱体的高是不变的，它的体积可以用公式

$$体积 = 高 \times 底面积$$

来计算. 但曲顶柱体的高，即曲顶的竖坐标 $z = f(x, y)$ 是个变量，因此它的体积不能直接用上面的公式计算. 为此，我们采用和第五章计算曲边梯形面积类似的方法，即用“分割、近似代替、求和、取极限”，也就是运用

“以直代曲”的思想方法，使求曲顶柱体体积问题获得解决.

①分割. 用任意一组曲线网将区域 D 划分成 n 个小闭区域 $\Delta\sigma_1$，$\Delta\sigma_2$，…，$\Delta\sigma_n$，分别以这些小闭区域的边界曲线为准线，作母线平行于 z 轴的柱面，这些柱面把原来的曲顶柱体分为 n 个小曲顶柱体. 设其体积为 $\Delta V_i(i=1, 2, \cdots, n)$，则

$$V = \sum_{i=1}^{n} \Delta V_i$$

②近似代替. 在每个小闭区域 $\Delta\sigma_i$ 上任取一点(ξ_i, η_i)，如图 7－35 所示. 因为$f(x, y)$连续，所以当分割非常细密时，$f(x, y)$变化很小，这时小曲顶柱体的体积 ΔV_i 就近似地等于以$f(\xi_i, \eta_i)$为高、以 $\Delta\sigma_i$ 为底的小平顶柱体的体积，即

$$\Delta V_i \approx f(\xi_i, \eta_i)\Delta\sigma_i \quad (i = 1,2,\cdots,n)$$

③求和.

$$V = \sum_{i=1}^{n} \Delta V_i \approx \sum_{i=1}^{n} f(\xi_i, \eta_i)\Delta\sigma_i$$

④取极限. 记 λ_i 为第 $i(i=1, 2, \cdots, n)$个小闭区域的直径(一个闭区域的直径是指区域上任意两点间的距离的最大值)，并记 $\lambda = \max\{\lambda_1, \lambda_2, \cdots, \lambda_n\}$.

当 $\lambda \to 0$ 时，取上述和的极限，所得的极限便为所求曲顶柱体的体积 V，即

$$V = \lim_{\lambda \to 0} \sum_{i=1}^{n} f(\xi_i, \eta_i)\Delta\sigma_i$$

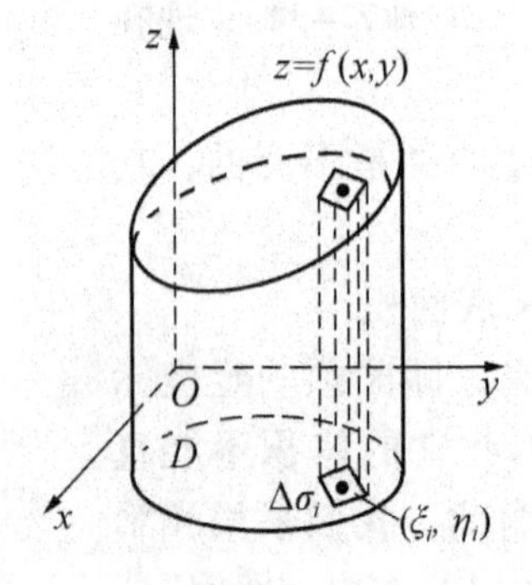

图 7－35

2. 求平面薄板的质量

例2　设有一平面薄板占有 xOy 面上的闭区域 D，它在点(x, y)处的面密度为$\mu=\mu(x, y)$，这里$\mu(x, y)>0$且在 D 上连续．求此薄板的质量 m.

如果薄板是均匀的，即面密度为常数，则薄板的质量可用公式

质量 = 面密度 × 面积

来计算．现在面密度$\mu(x, y)$是变量，薄板的质量就不能直接用上面的公式来计算．但是上面用来处理曲顶柱体体积问题的思想方法和步骤完全适用于本问题．

由于密度函数$\mu(x, y)$连续，把薄板分成许多小块后，只要小块占的小闭区域 $\Delta\sigma_i$ 的直径很小，这些小块就可以近似地看作均匀薄板．

在 $\Delta\sigma_i$ 上任取一点(ξ_i, η_i)，则

$$\mu(\xi_i,\eta_i)\Delta\sigma_i \quad (i=1,2,\cdots,n)$$

可看作第 i 个小块的质量的近似值，如图7－36所示．通过求和，取极限，便得所求平面薄板的质量

$$m=\lim_{\lambda\to 0}\sum_{i=1}^{n}\mu(\xi_i,\eta_i)\Delta\sigma_i$$

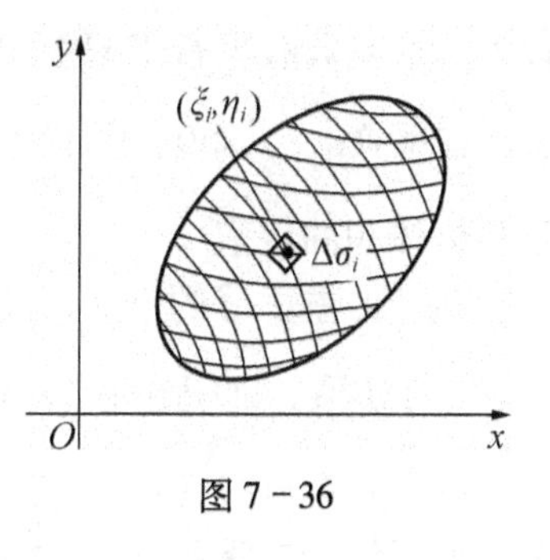

图7－36

上面两个例子的含义虽然很不相同，但是解决问题的思路完全相同，所求量都归结为求二元函数在平面区域上具有同一形式的和的极限．在几何、物理及工程技术中还有许多量都可归结为求这种和式的极限．为了对它们进行统一研究，忽略它们的具体意义，就有如下的二重积分的定义．

定义1　设$f(x, y)$是有界闭区域 D 上的有界函数．将闭区域 D 任意分成 n 个小闭区域

$$\Delta\sigma_1,\Delta\sigma_2,\cdots,\Delta\sigma_n$$

其中 $\Delta\sigma_i$ 表示第 i 个小闭区域，也表示它的面积．在每个 $\Delta\sigma_i$ 上任取一点(ξ_i,η_i)，作乘积$f(\xi_i,\eta_i)\Delta\sigma_i(i=1,2,\cdots,n)$，并作和 $\sum_{i=1}^{n}f(\xi_i,\eta_i)\Delta\sigma_i$．如果当各小闭区域的直径中的最大值 $\lambda\to 0$ 时，和式的极限总存在，则称此极限为函数$f(x, y)$在闭区域 D 上的二重积分，记作 $\iint\limits_D f(x,y)\mathrm{d}\sigma$，即

$$\iint_D f(x,y)\,\mathrm{d}\sigma = \lim_{\lambda \to 0}\sum_{i=1}^{n} f(\xi_i,\eta_i)\Delta\sigma_i \qquad (6-1)$$

其中$f(x, y)$叫做被积函数，$f(x, y)\mathrm{d}\sigma$ 叫做被积表达式，$\mathrm{d}\sigma$ 叫做面积元素，x 与 y 叫做积分变量，$\sum\limits_{i=1}^{n} f(\xi_i,\eta_i)\Delta\sigma_i$ 叫做积分和.

根据二重积分的定义，引例中曲顶柱体的体积是曲顶上点的竖坐标$f(x, y)$在底 D 上的二重积分

$$V = \iint_D f(x,y)\,\mathrm{d}\sigma$$

平面薄板的质量是它的面密度$\mu(x, y)$在薄板所占闭区域 D 上的二重积分

$$m = \iint_D \mu(x,y)\,\mathrm{d}\sigma$$

应当指出，二重积分的定义并没有要求$f(x, y)\geqslant 0$，但容易看出，当$f(x, y)\geqslant 0$ 时，二重积分 $\iint\limits_D f(x,y)\,\mathrm{d}\sigma$ 在几何上就是上述的以$z=f(x,y)$为曲顶、以 D 为底且母线平行于z轴的曲顶柱体的体积. 这也就是二重积分的几何意义. 如果$f(x,y)<0$，柱体就在 xOy 面的下方，二重积分$\iint\limits_D f(x,y)\,\mathrm{d}\sigma$ 就是曲顶柱体体积的负值.

关于二重积分的定义，还要作两点说明：

(1)如果二重积分 $\iint\limits_D f(x,y)\,\mathrm{d}\sigma$ 存在，则称函数在区域 D 上是可积的. 可以证明，如果函数$f(x,y)$ 在区域 D 上连续，则 $f(x,y)$ 在区域 D 上是可积的. 后面讨论二重积分时，如无特别声明，总假定函数$f(x,y)$ 在闭区域 D 上是连续的.

(2)根据二重积分的定义，如果函数$f(x, y)$在区域 D 上可积，则二重积分的值与对积分区域的分割方法无关. 因此，在直角坐标系中常用平行于 x 轴和 y 轴的两组直线分割 D(图 7-37)，除了包含边界点的一些不规则的小区域外，其余绝大多数的小区域都是矩形域，当分割更细时，这些不规则的小区域之和趋于0，所以可以不必考虑. 于是图中阴影所示的小区

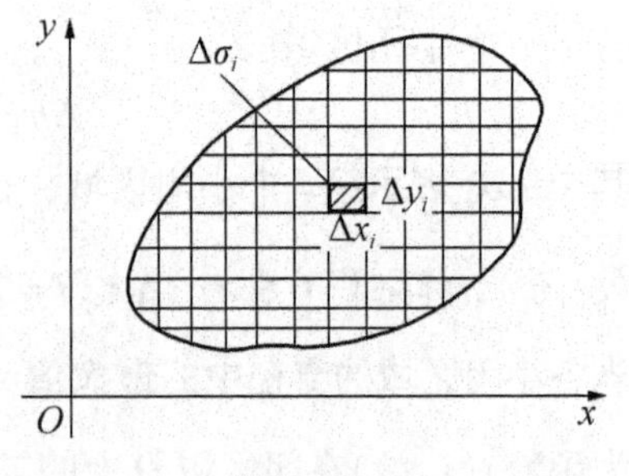

图 7-37

域 $\Delta\sigma_i$ 的边长为 Δx_i 和 Δy_i，其面积为

$$\Delta\sigma_i = \Delta x_i \cdot \Delta y_i$$

因此，在直角坐标系中的面积元素 $d\sigma$ 可记为 $dxdy$，进而把二重积分记作

$$\iint_D f(x,y)\,dxdy$$

其中 $dxdy$ 叫做直角坐标系中的面积元素.

二、二重积分的性质

二重积分的性质与定积分类似，下面的性质 1 至性质 5 都可以直接用二重积分的定义加以证明.

性质 1　积分中的常数因子可以提到积分号外，即

$$\iint_D kf(x,y)\,d\sigma = k\iint_D f(x,y)\,d\sigma \quad (k \text{ 为常数})$$

性质 2　函数的代数和的积分等于各函数的积分的代数和.

$$\iint_D [f(x,y) \pm g(x,y)]\,d\sigma = \iint_D f(x,y)\,d\sigma \pm \iint_D g(x,y)\,d\sigma$$

性质 3　若区域 D 是由互不重叠的区域 D_1、D_2 组成，则

$$\iint_D f(x,y)\,d\sigma = \iint_{D_1} f(x,y)\,d\sigma + \iint_{D_2} f(x,y)\,d\sigma$$

这个性质表示二重积分对于积分区域具有可加性.

性质 4　如果在区域 D 上，$f(x, y)=1$，σ 为 D 的面积，则

$$\sigma = \iint_D 1 \cdot d\sigma = \iint_D d\sigma$$

这个性质的几何意义是很明显的，因为高为 1 的平顶柱体的体积在数值上就等于柱体的底面积.

性质 5　如果在 D 上 $f(x, y) \leqslant \varphi(x, y)$，则有

$$\iint_D f(x,y)\,d\sigma \leqslant \iint_D \varphi(x,y)\,d\sigma$$

特殊地，由于

$$-|f(x,y)| \leqslant f(x,y) \leqslant |f(x,y)|$$

又有

$$\left|\iint_D f(x,y)\,d\sigma\right| \leqslant \iint_D |f(x,y)|\,d\sigma$$

性质 6（二重积分的估值定理）　设 M，m 分别是 $f(x, y)$ 在区域 D 上的最大值和最小值，σ 是 D 的面积，则有

$$m\sigma \leqslant \iint_D f(x,y)\,\mathrm{d}\sigma \leqslant M\sigma$$

事实上，因为$m \leqslant f(x, y) \leqslant M$，所以由性质5有

$$\iint_D m\,\mathrm{d}\sigma \leqslant \iint_D f(x,y)\,\mathrm{d}\sigma \leqslant \iint_D M\,\mathrm{d}\sigma$$

再应用性质1和性质4，便得所要证明的不等式．

性质7(二重积分的中值定理)　设函数$z = f(x, y)$在闭区域D上连续，σ是D的面积．则在D中至少存在一点(ξ, η)，使得

$$\iint_D f(x,y)\,\mathrm{d}\sigma = f(\xi,\eta)\cdot\sigma$$

例3　设$D = \{(x, y) \mid 1 \leqslant x^2 + y^2 \leqslant 4\}$．求$\iint\limits_D 4\,\mathrm{d}\sigma$．

解　D是由半径为2和1的两个同心圆围成的圆环，其面积为

$$\sigma = \pi\cdot 2^2 - \pi\cdot 1^2 = 3\pi$$

故

$$\iint_D 4\,\mathrm{d}\sigma = 4\iint_D \mathrm{d}\sigma = 4\sigma = 12\pi$$

例4　利用二重积分的几何意义计算积分$\iint\limits_D \sqrt{a^2 - x^2 - y^2}\,\mathrm{d}\sigma$．其中$D$：$x^2 + y^2 \leqslant a^2$．

解　由于被积函数

$$z = f(x,y) = \sqrt{a^2 - x^2 - y^2} \geqslant 0$$

积分区域D为xOy面上的闭圆域$x^2 + y^2 \leqslant a^2$，故此二重积分在几何上表示以上半球面$z = \sqrt{a^2 - x^2 - y^2}$为曲顶，以闭圆域$x^2 + y^2 \leqslant a^2$为底的曲顶柱体的体积，也就是半径为$a$的上半球体的体积．所以

$$\iint_D \sqrt{a^2 - x^2 - y^2}\,\mathrm{d}\sigma = \frac{1}{2}\cdot\frac{4}{3}\pi a^3 = \frac{2}{3}\pi a^3$$

三、二重积分的计算

按定义来计算二重积分，对少数被积函数和积分区域都特别简单的情况是可行的，但对于一般的函数和区域，用这种方法显然是很困难的．这里我们给出计算二重积分的基本方法是，将它化为两次定积分，也称为二次积分或累次积分．下面分两种情况说明．

1. 利用直角坐标计算二重积分

设二重积分 $\iint\limits_D f(x,y)\,\mathrm{d}\sigma$ 的被积函数 $f(x,y)$ 在 D 上连续，且 $f(x,y)\geqslant 0$，积分区域 D 用不等式

$$a\leqslant x\leqslant b,\ \varphi_1(x)\leqslant y\leqslant \varphi_2(x)$$

表示，其中函数 $\varphi_1(x)$ 及 $\varphi_2(x)$ 在区间 $[a,\ b]$ 上连续，如图 7 - 38 所示.

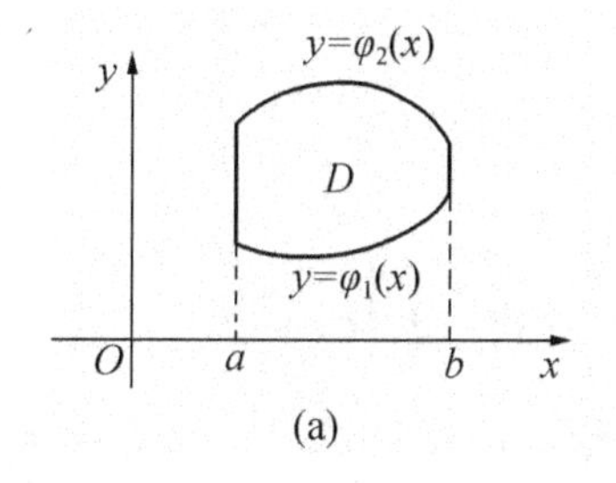

(a)

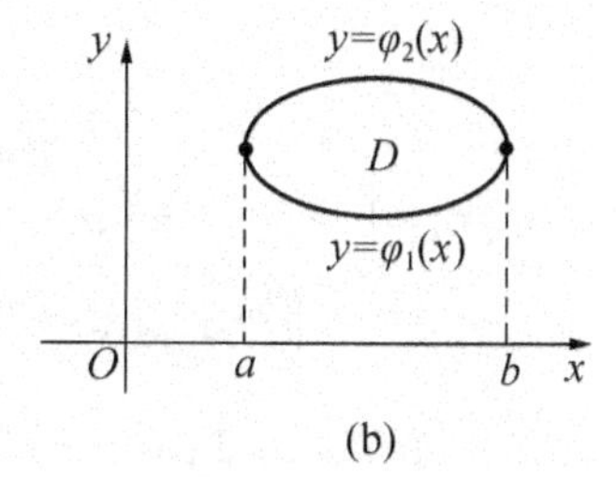

(b)

图 7 - 38

根据二重积分的几何意义，$\iint\limits_D f(x,y)\,\mathrm{d}\sigma$ 的值等于以 D 为底、以曲面 $z=f(x,y)$ 为顶的曲顶柱体的体积，如图 7 - 39 所示. 我们可以应用第五章中计算“平行截面面积为已知的立体的体积”的方法来计算这个曲顶柱体的体积. 先计算截面面积. 为此，在区间 $[a,b]$ 中任意取定一点 x_0 作平行 yOz 面的平面 $x=x_0$，此平面截曲顶柱体所得截面是一个以区间 $\varphi_1(x_0)\leqslant y\leqslant\varphi_2(x_0)$ 为底、曲线 $z=f(x_0,\ y)$ 为曲边的曲边梯形(图 7 - 39 中的阴影部分)，所以这截面的面积为

$$A(x_0)=\int_{\varphi_1(x_0)}^{\varphi_2(x_0)}f(x_0,y)\,\mathrm{d}y$$

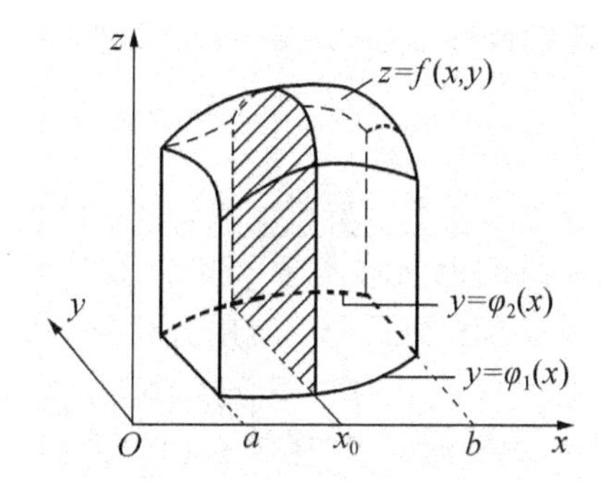

图 7 - 39

一般地，过区间$[a, b]$上任一点x且平行于yOz面的平面截曲顶柱体所得截面的面积为

$$A(x)=\int_{\varphi_1(x)}^{\varphi_2(x)} f(x,y)\,\mathrm{d}y$$

于是，应用计算平行截面面积为已知的立体的体积的方法，得曲顶柱体的体积为

$$\begin{aligned} V &= \int_a^b A(x)\,\mathrm{d}x \\ &= \int_a^b \left[\int_{\varphi_1(x)}^{\varphi_2(x)} f(x,y)\,\mathrm{d}y\right]\mathrm{d}x \end{aligned}$$

这个体积也就是所求的二重积分，从而有

$$\iint_D f(x,y)\,\mathrm{d}\sigma = \int_a^b \left[\int_{\varphi_1(x)}^{\varphi_2(x)} f(x,y)\,\mathrm{d}y\right]\mathrm{d}x$$

上式右端是一个先对y后对x的二次积分．这就是说，先把x看作常数，把$f(x, y)$只看作y的函数，并对y计算从$\varphi_1(x)$到$\varphi_2(x)$的定积分，然后把算得的结果(是x的函数)再对x计算从a到b的定积分．这个先对y后对x的二次积分也常记作

$$\int_a^b \mathrm{d}x \int_{\varphi_1(x)}^{\varphi_2(x)} f(x,y)\,\mathrm{d}y$$

从而把二重积分化为先对y后对x的二次积分的公式，写作

$$\iint_D f(x,y)\,\mathrm{d}x\mathrm{d}y = \int_a^b \mathrm{d}x \int_{\varphi_1(x)}^{\varphi_2(x)} f(x,y)\,\mathrm{d}y \qquad (6-2)$$

上述讨论中，我们假定$f(x, y)\geqslant 0$. 这只是为几何上说明方便而引入的，实际上公式(6－2)的成立并不受此条件限制．

类似地，如果积分区域D可以用不等式

$$c \leqslant y \leqslant d,\ \psi_1(y) \leqslant x \leqslant \psi_2(y)$$

来表示(图7－40)，其中函数$\psi_1(y)$，$\psi_2(y)$在区间$[c, d]$上连续，则有

$$\iint_D f(x,y)\,\mathrm{d}x\mathrm{d}y = \int_c^d \mathrm{d}y \int_{\psi_1(y)}^{\psi_2(y)} f(x,y)\,\mathrm{d}x \qquad (6-3)$$

这就是把二重积分化为先对x后对y的二次积分的公式．

为简单识别起见，我们也常称图7－38所示的积分区域为X型区域，图7－40所示的积分区域为Y型区域．应用公式(6－2)时，积分区域必须是X型区域；而应用公式(6－3)时，积分区域必须是Y型区域．如果积分区域D既是X型区域又是Y型区域(图7－41)，那么由公式(6－2)及(6－3)有

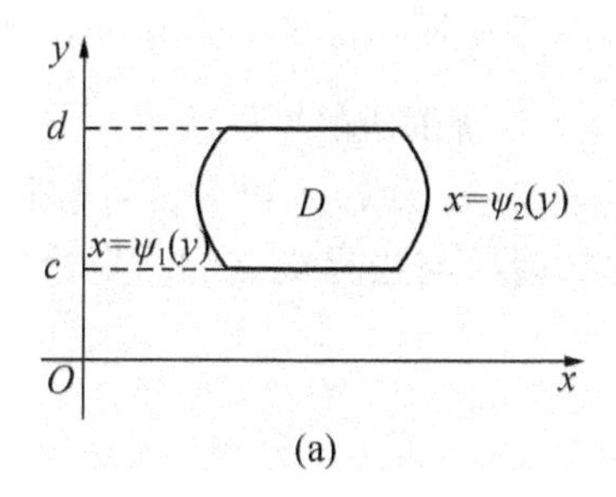

(a)

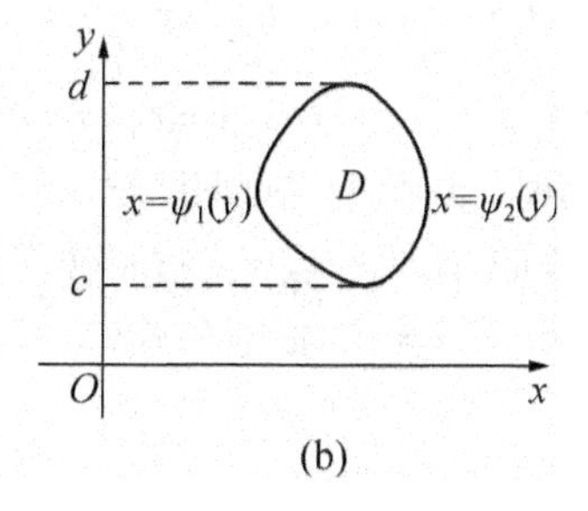

(b)

图 7－40

$$\int_a^b dx\int_{\varphi_1(x)}^{\varphi_2(x)} f(x,y)\,dy = \int_c^d dy\int_{\psi_1(y)}^{\psi_2(y)} f(x,y)\,dx \qquad (6-4)$$

换句话来说，当积分区域 D 既是 X 型区域又是 Y 型区域，若要改换积分次序，可以使用公式(6－4).

另外，应用公式(6－2)或公式(6－3)时，积分区域 D 需满足这样的条件：穿过区域 D 内部且平行于 y 轴(或 x 轴)的直线与 D 的边界相交不多于两点(图 7－41). 如果区域 D 如图 7－42 那样，它既不是 X 型区域，也不是 Y 型区域，不具备上述条件，这时我们可以把 D 分成几个部分区域，使每个部分区域满足上述条件. 例如在图 7－42 中，把 D 分成三个部分区域 D_1，D_2，D_3，各部分区域的二重积分都可用公式(6－2)，各部分区域上的二重积分求得后，它们的和就是区域 D 上的二重积分.

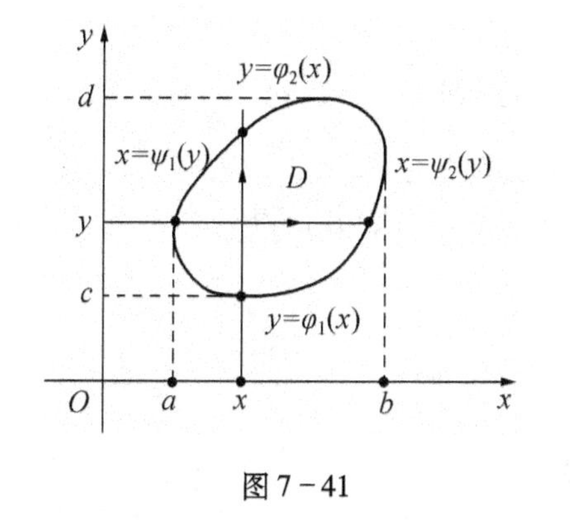

图 7－41

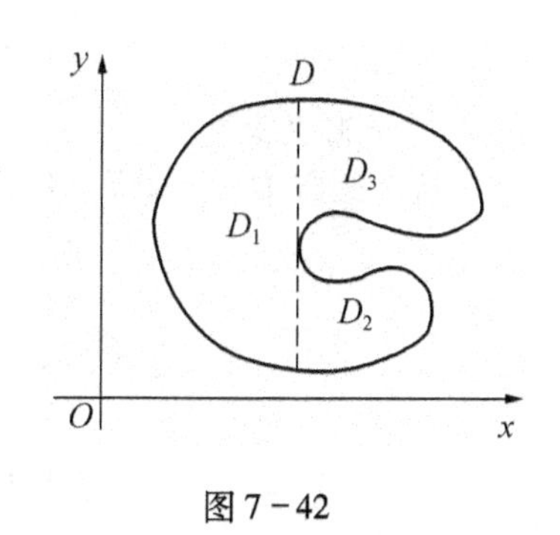

图 7－42

二重积分化为二次积分时，确定积分限是一个关键. 积分限是根据积分区域 D 确定的，通常先画出 D 的图，再按图形的特点决定用公式(6－2)或公式(6－3). 下面举例说明.

例5 试将二重积分 $\iint\limits_D f(x,y)\mathrm{d}\sigma$ 化为两种不同次序的二次积分，其中 D 是由 $x=a$，$x=b$，$y=c$，$y=d$ ($a<b$，$c<d$)所围成的矩形区域．

解 先画 D 图(图 7－43)．若采用先对 y 后对 x 积分，可在区域 $[a, b]$上任取一点 x，过 x 作平行于 y 轴的箭线与边界交点的纵坐标分别为 $y=c$ 和 $y=d$. 根据公式(6－2)，有

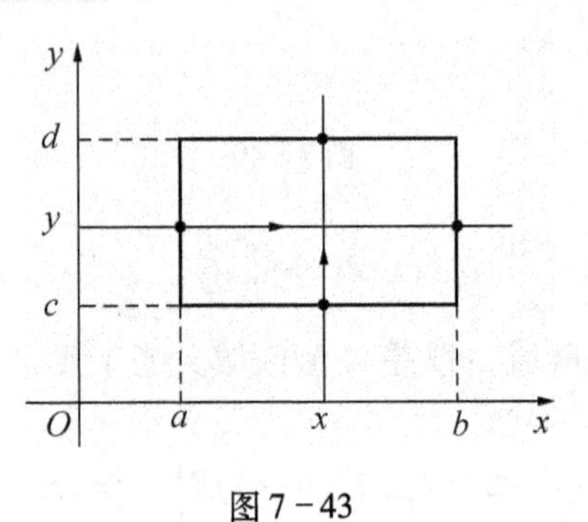

图 7－43

$$\iint\limits_D f(x,y)\mathrm{d}\sigma = \int_a^b \mathrm{d}x\int_c^d f(x,y)\mathrm{d}y$$

若先对 x 后对 y 积分，根据公式(6－3)，则有

$$\iint\limits_D f(x,y)\mathrm{d}\sigma = \int_c^d \mathrm{d}y\int_a^b f(x,y)\mathrm{d}x$$

例6 计算二重积分

$$I = \iint\limits_D \cos(x+y)\mathrm{d}x\mathrm{d}y$$

其中 D 是由直线 $x=0$，$y=\pi$，$y=x$ 所围成的闭区域．

解 先画 D 图(图 7－44)．采用先对 y 后对 x 积分，得

$$\begin{aligned}
I &= \int_0^\pi \mathrm{d}x\int_x^\pi \cos(x+y)\mathrm{d}y \\
&= \int_0^\pi \mathrm{d}x\int_x^\pi \cos(x+y)\mathrm{d}(x+y) \\
&= \int_0^\pi \sin(x+y)\Big|_x^\pi \mathrm{d}x \\
&= \int_0^\pi [\sin(\pi+x)-\sin 2x]\mathrm{d}x \\
&= \left[-\cos(\pi+x)+\frac{1}{2}\cos 2x\right]_0^\pi = -2
\end{aligned}$$

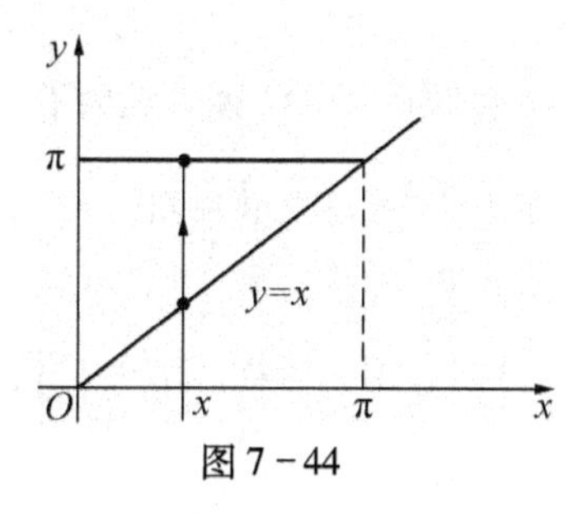

图 7－44

例 7　计算二重积分

$$I=\iint_D \frac{x^2}{y^2}\mathrm{d}x\mathrm{d}y$$

其中 D 是由 $y=x$，$xy=1$ 及 $x=2$ 所围成的闭区域，如图 7－45 所示．

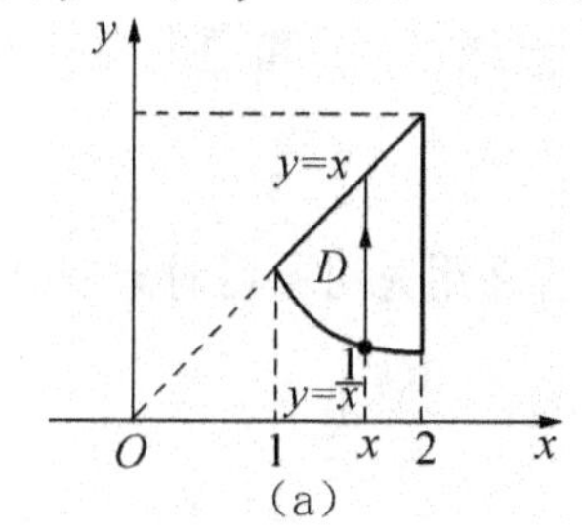

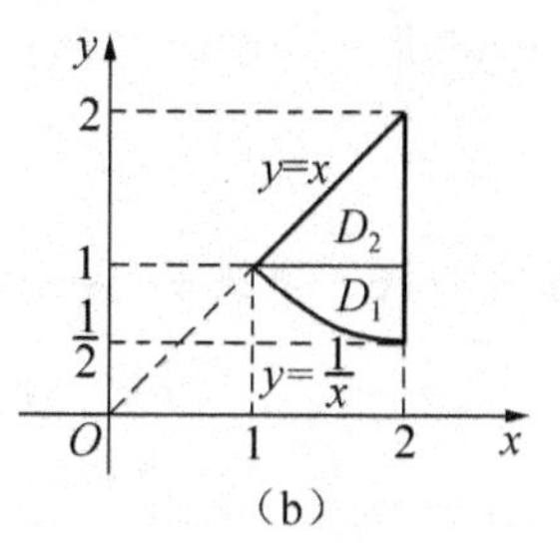

图 7－45

解　方法一　先画 D 图（图 7－45a），求出直线 $y=x$ 与双曲线 $xy=1$ 的交点 $(1,\ 1)$．$D=\left\{(x,\ y)\ \middle|\ 1\leqslant x\leqslant 2,\ \frac{1}{x}\leqslant y\leqslant 2\right\}$．采用先对 y 后对 x 积分．由公式(6－2)，得

$$\begin{aligned} I&=\int_1^2\mathrm{d}x\int_{\frac{1}{x}}^{x}\frac{x^2}{y^2}\mathrm{d}y\\ &=\int_1^2 x^2\left(-\frac{1}{y}\right)\Bigg|_{\frac{1}{x}}^{x}\mathrm{d}x\\ &=\int_1^2(-x+x^3)\mathrm{d}x\\ &=\frac{9}{4} \end{aligned}$$

方法二　采用先对 x 后对 y 积分，如图 7－45b 所示．当 y 在区间 $\left[\frac{1}{2},\ 2\right]$ 变化时，注意到区间 $\left[\frac{1}{2},\ 1\right]$ 及 $[1,\ 2]$ 上表示 $x=\psi_1(y)$ 的式子是

不同的，所以要过交点(1，1)作平行于 x 轴的直线 $y=1$，将 D 分为 D_1 和 D_2，然后才可以分别用公式(6－3)计算．这时有

$$I=\iint\limits_{D_1}\frac{x^2}{y^2}\mathrm{d}\sigma+\iint\limits_{D_2}\frac{x^2}{y^2}\mathrm{d}\sigma$$

$$=\int_{\frac{1}{2}}^{1}\mathrm{d}y\int_{\frac{1}{y}}^{2}\frac{x^2}{y^2}\mathrm{d}x+\int_{1}^{2}\mathrm{d}y\int_{y}^{2}\frac{x^2}{y^2}\mathrm{d}x$$

$$=\frac{9}{4}$$

显然，本例方法一比方法二简便，表明计算二重积分时恰当地选择积分次序是十分必要的．

例8 计算 $\iint\limits_{D}\frac{\sin y}{y}\mathrm{d}x\mathrm{d}y$，其中 D 是由直线 $y=x$ 和抛物线 $y^2=x$ 围成的闭区域．

解 画出 D 图，如图7－46所示．若采用先对 y 后对 x 积分，则有

$$\iint\limits_{D}\frac{\sin y}{y}\mathrm{d}x\mathrm{d}y=\int_0^1\mathrm{d}x\int_x^{\sqrt{x}}\frac{\sin y}{y}\mathrm{d}y$$

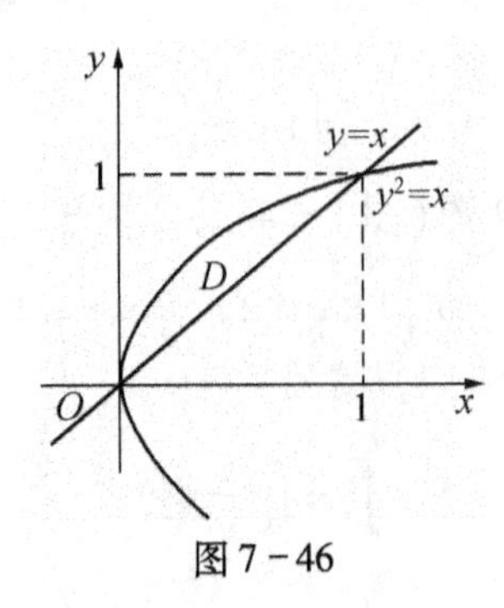

图7－46

但由于 $\frac{\sin y}{y}$ 的原函数不能用初等函数表示，因而无法继续进行计算．下面改用先对 x 后对 y 积分，可得

$$\iint\limits_{D}\frac{\sin y}{y}\mathrm{d}x\mathrm{d}y=\int_0^1\mathrm{d}y\int_{y^2}^{y}\frac{\sin y}{y}\mathrm{d}x$$

$$=\int_0^1\frac{\sin y}{y}(y-y^2)\mathrm{d}y$$

$$= \int_0^1 (\sin y - y\sin y)\,dy$$

$$= 1 - \sin 1$$

综上所述，积分次序的选择，不仅要看积分区域的特征，同时也要注意被积函数的特点．原则是既要使计算得以进行，又要使计算尽可能简便．

例 9　改换二次积分 $I = \int_1^e dx \int_0^{\ln x} f(x,y)\,dy$ 的积分次序．

解　首先用所给二次积分来确定相应的二重积分 $\iint_D f(x,y)\,d\sigma$ 的积分域 D. 由所给的上、下限可知 x、y 的变化范围是：

$$0 \leqslant y \leqslant \ln x \qquad 1 \leqslant x \leqslant e$$

由这些不等式可画出原积分域 D，如图 7－47 所示．然后将原积分化为先对 x 后对 y 的二次积分，得

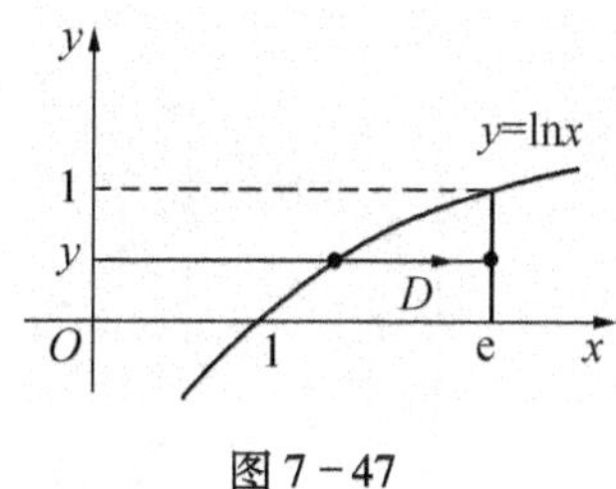

图 7－47

$$I = \int_0^1 dy \int_{e^y}^{e} f(x,y)\,dx$$

例 10　设 $f(x)$ 为区间 $[a,\ b]$ 上的连续函数．试证

$$\int_a^b dx \int_a^x f(y)\,dy = \int_a^b (b-x)f(x)\,dx$$

证　要证的等式左端是一个先对 y 后对 x 的二次积分，但第一个积分 $\int_a^x f(y)\,dy$ 算不出结果，因此可以考虑改变二重积分的次序再来计算．设

$$\int_a^b dx \int_a^x f(y)\,dy = \iint_D f(y)\,d\sigma$$

其中　　$D = \{(x,y) \mid a \leqslant x \leqslant b, a \leqslant y \leqslant x\}$

如图 7－48 所示．现改为先对 x 后对 y 积分，得

$$\iint_D f(y)\,d\sigma = \int_a^b f(y)\,dy \int_y^b dx$$

$$= \int_a^b (b-y)f(y)\,dy$$

$$= \int_a^b (b-x)f(x)\,dx$$

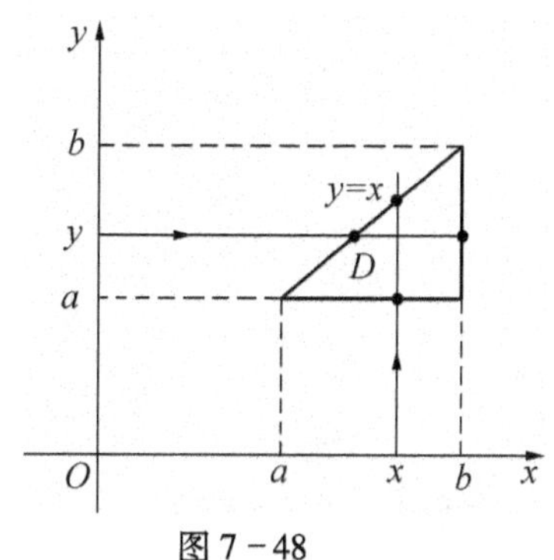

图 7－48

所以 $$\int_a^b \mathrm{d}x \int_a^x f(y)\,\mathrm{d}y = \int_a^b (b-x)f(x)\,\mathrm{d}x$$

例 11 求两个底圆半径相等的直交圆柱面所围成的立体的体积 V.

解 设圆柱面的底圆半径为 R，且这两个圆柱面的方程分别为 $x^2+y^2=R^2$ 及 $x^2+z^2=R^2$. 利用立体关于坐标面的对称性，只要算出它在第一卦限部分（图 7－49a）的体积 V_1，便得 $V=8V_1$.

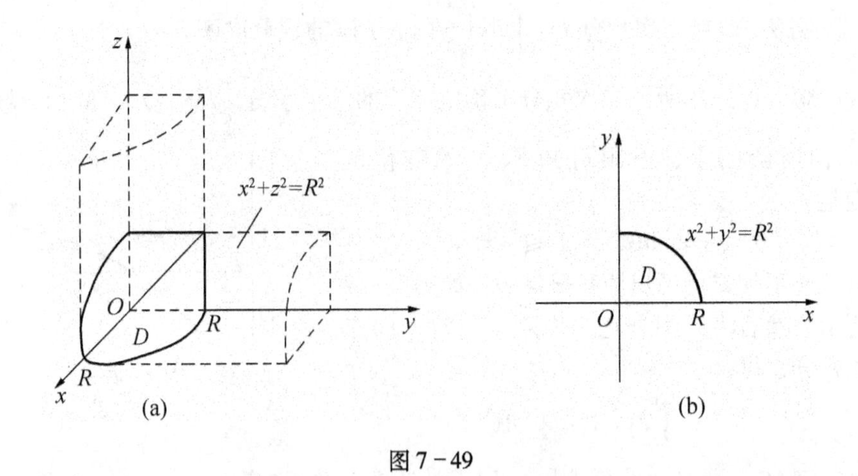

图 7－49

所求立体在第一卦限部分可以看成是一个曲顶柱体，它的底为 xOy 面上的区域

$$D=\{(x,y)\mid 0\leqslant y\leqslant \sqrt{R^2-x^2}, 0\leqslant x\leqslant R\}$$

如图 7－49b 所示．它的顶是柱面 $z=\sqrt{R^2-x^2}$. 于是

$$V_1=\iint\limits_D \sqrt{R^2-x^2}\,\mathrm{d}\sigma$$

利用公式(6－2)，得

$$\begin{aligned} V_1 &= \iint\limits_D \sqrt{R^2-x^2}\,\mathrm{d}\sigma \\ &= \int_0^R \mathrm{d}x \int_0^{\sqrt{R^2-x^2}} \sqrt{R^2-x^2}\,\mathrm{d}y \\ &= \int_0^R \left[y\sqrt{R^2-x^2}\right]_0^{\sqrt{R^2-x^2}} \mathrm{d}x \\ &= \int_0^R (R^2-x^2)\,\mathrm{d}x = \frac{2}{3}R^3 \end{aligned}$$

从而所求立体的体积

$$V = 8V_1 = \frac{16}{3}R^3$$

顺便指出，若利用公式(6－3)即先对 x 后对 y 积分，则有

$$\begin{aligned} V &= 8V_1 \\ &= 8\int_0^R \mathrm{d}y \int_0^{\sqrt{R^2-y^2}} \sqrt{R^2 - x^2}\,\mathrm{d}x \end{aligned}$$

此时计算要比用公式(6－2)复杂得多.

2. 利用极坐标计算二重积分

对于积分域是圆域、扇形域、圆环域等，被积函数为 $f(x^2+y^2)$ 的积分，采用极坐标计算往往要简便得多.

下面介绍二重积分 $\iint\limits_D f(x,y)\mathrm{d}\sigma$ 在极坐标系的计算公式.

取直角坐标系中的原点作为极点，x 轴的正半轴作为极轴．对于平面内任一点 M，其直角坐标是$(x,\ y)$，极坐标为$(\rho,\ \theta)$，其中 $0\leqslant\rho< +\infty$，$0\leqslant\theta<2\pi$ 或 $-\pi<\theta\leqslant\pi$．从而为平面上点 M 与极坐标$(\rho,\ \theta)$建立起一一对应的关系．在极坐标系中，曲线可以用极坐标方程 $\rho=\varphi(\theta)$ 表示．直角坐标与极坐标有如下转换关系(图 7－50).

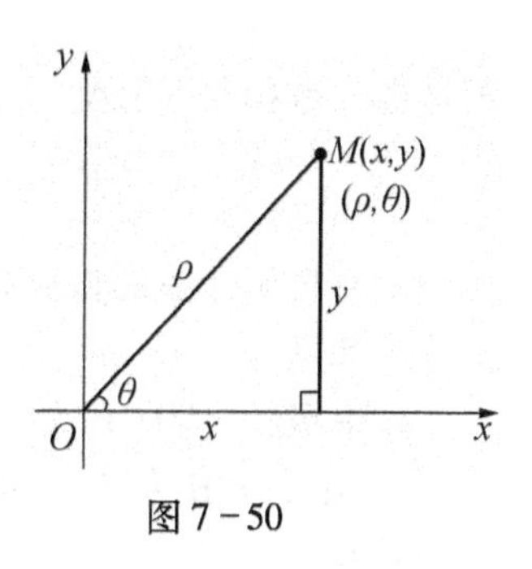

图 7－50

$$\begin{cases} x = \rho\cos\theta \\ y = \rho\sin\theta \end{cases}$$

或

$$\begin{cases} \rho = \sqrt{x^2+y^2} \\ \tan\theta = \dfrac{y}{x} \end{cases}$$

于是在极坐标系中，二重积分的积分域 D 的边界曲线可用极坐标方程表示，被积函数也可变换为

$$f(x,y) = f(\rho\cos\theta,\rho\sin\theta)$$

为了把面积元素 $\mathrm{d}\sigma$ 用极坐标表示，我们用极坐标曲线网

$$\theta = \text{常数} \qquad \text{和} \qquad \rho = \text{常数}$$

来划分积分域 D，即一簇从极点发出的射线和另一簇圆心在极点的同心圆，把 D 分割成许多小区域，这些小区域除了靠边界曲线的一些小区域外，绝大多数的都是扇形域，如图 7－51 所示．当分割更细时，这些不规则小区

域的面积之和趋向于0，所以不必考虑．图7－51中阴影所示小区域的面积近似等于以$\rho\mathrm{d}\theta$为长、$\mathrm{d}\rho$为宽的矩形面积．因此，在极坐标系中的面积元素

$$\mathrm{d}\sigma = \rho\mathrm{d}\rho\mathrm{d}\theta$$

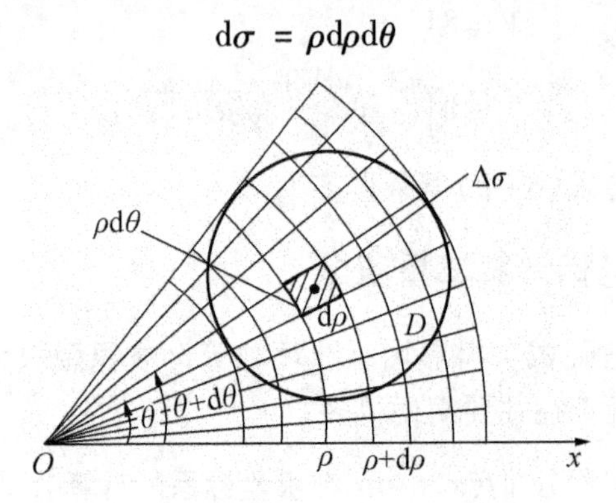

图7－51

于是得二重积分在极坐标系中的表示式为

$$\iint_D f(x,y)\mathrm{d}\sigma = \iint_D f(\rho\cos\theta,\rho\sin\theta)\rho\mathrm{d}\rho\mathrm{d}\theta \qquad (6-5)$$

与直角坐标系的情形相仿，极坐标系中的二重积分同样可以化为二次积分来计算．

如果极点O在积分区域D的外部，D可以用不等式$\varphi_1(\theta)\leqslant\rho\leqslant\varphi_2(\theta)$，$\alpha\leqslant\theta\leqslant\beta$来表示(图7－52)．其中函数$\varphi_1(\theta)$，$\varphi_2(\theta)$在区域$[\alpha,\beta]$上连续．

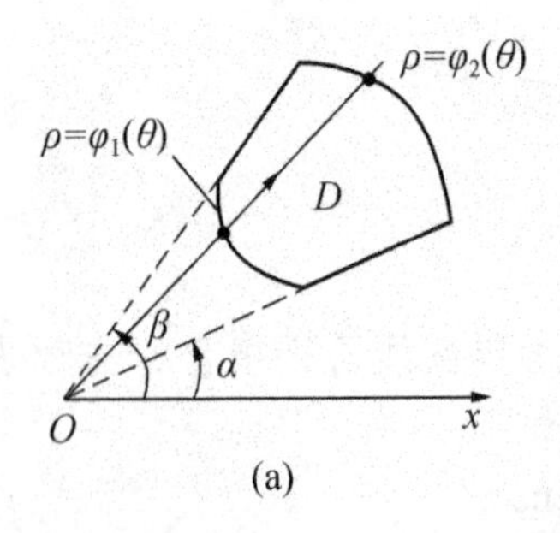

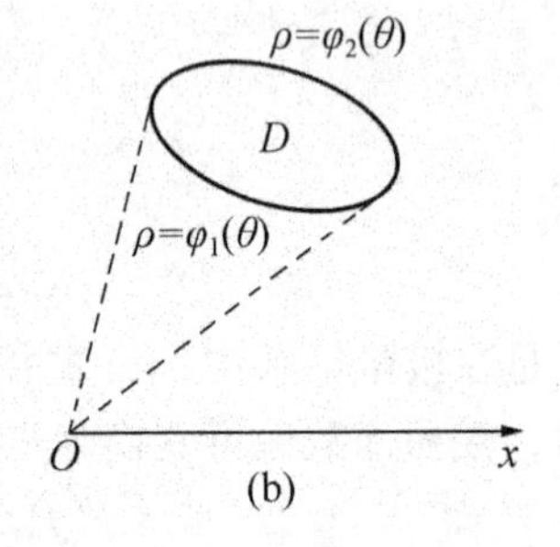

图7－52

在α与β之间作任一条射线与积分域D的边界交两点，它们的极径分别为$\rho=\varphi_1(\theta)$，$\rho=\varphi_2(\theta)$，作为对ρ积分的下限与上限；而α与β分别是对θ积分的下限与上限．于是

$$\iint_D f(\rho\cos\theta,\rho\sin\theta)\rho\mathrm{d}\rho\mathrm{d}\theta = \int_\alpha^\beta \mathrm{d}\theta\int_{\varphi_1(\theta)}^{\varphi_2(\theta)} f(\rho\cos\theta,\rho\sin\theta)\rho\mathrm{d}\rho \qquad (6-6)$$

如果积分区域 D 的曲边是如图 7－53 所示的扇形，那么可以把 D 看作是图 7－52a 中当 $\rho=\varphi_1(\theta)=0$，$\rho=\varphi_2(\theta)=\varphi(\theta)$ 时的特例．这时 D 可以用不等式

$$0\leqslant\rho\leqslant\varphi(\theta),\quad \alpha\leqslant\theta\leqslant\beta$$

表示，公式(6－6)可写成

$$\iint_D f(\rho\cos\theta,\rho\sin\theta)\rho\mathrm{d}\rho\mathrm{d}\theta = \int_\alpha^\beta \mathrm{d}\theta\int_0^{\varphi(\theta)} f(\rho\cos\theta,\rho\sin\theta)\rho\mathrm{d}\rho \qquad (6-7)$$

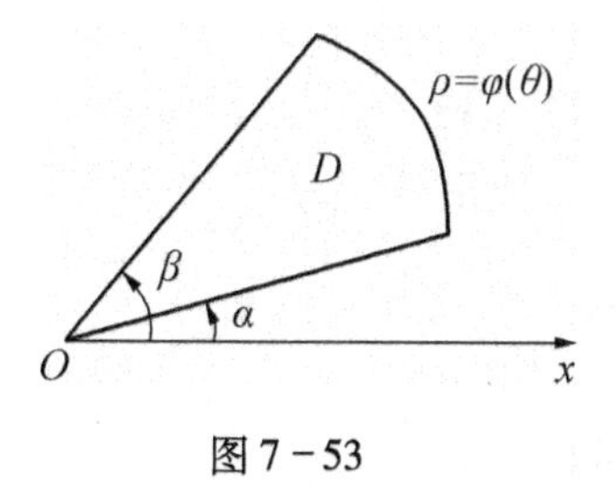

图 7－53

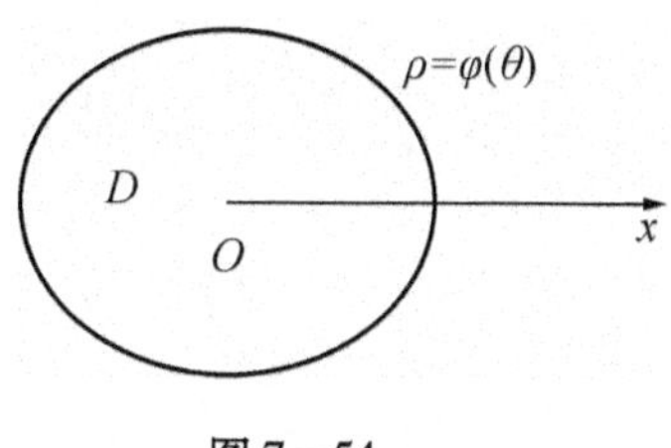

图 7－54

如果积分区域 D 如图 7－54 所示，即极点 O 在区域 D 的内部，D 用不等式

$$0\leqslant\rho\leqslant\varphi(\theta)\qquad(0\leqslant\theta\leqslant2\pi)$$

表示，则公式(6－7)成为

$$\iint_D f(\rho\cos\theta,\rho\sin\theta)\rho\mathrm{d}\rho\mathrm{d}\theta = \int_0^{2\pi} \mathrm{d}\theta\int_0^{\varphi(\theta)} f(\rho\cos\theta,\rho\sin\theta)\rho\mathrm{d}\rho \qquad (6-8)$$

例 12　计算 $\iint_D \frac{\cos\sqrt{x^2+y^2}}{\sqrt{x^2+y^2}}\mathrm{d}\sigma$，其中 D 是圆 $x^2+y^2=\frac{\pi^2}{4}$ 及 $x^2+y^2=\pi^2$ 之间的圆环(图 7－55).

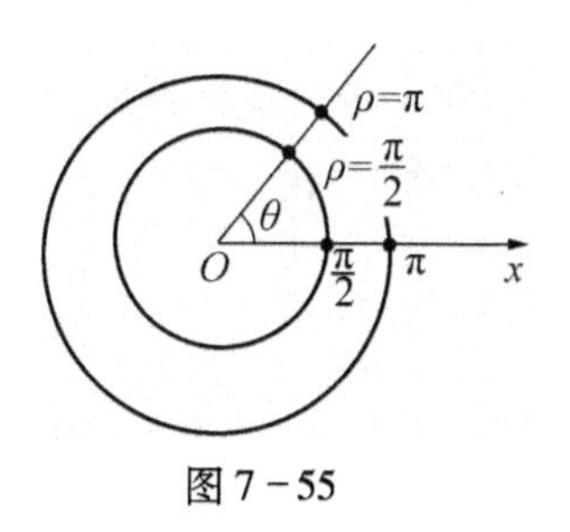

图 7－55

解　在极坐标系中，圆环域 D 可表示为 $\frac{\pi}{2}\leqslant\rho\leqslant\pi$，$0\leqslant\theta\leqslant2\pi$．由公式(6－8)有

$$\begin{aligned}\iint_D \frac{\cos\sqrt{x^2+y^2}}{\sqrt{x^2+y^2}}\mathrm{d}\sigma &= \int_0^{2\pi}\mathrm{d}\theta\int_{\frac{\pi}{2}}^{\pi}\frac{\cos\rho}{\rho}\rho\mathrm{d}\rho\\ &= 2\pi\cdot\sin\rho\Big|_{\frac{\pi}{2}}^{\pi}\\ &= -2\pi\end{aligned}$$

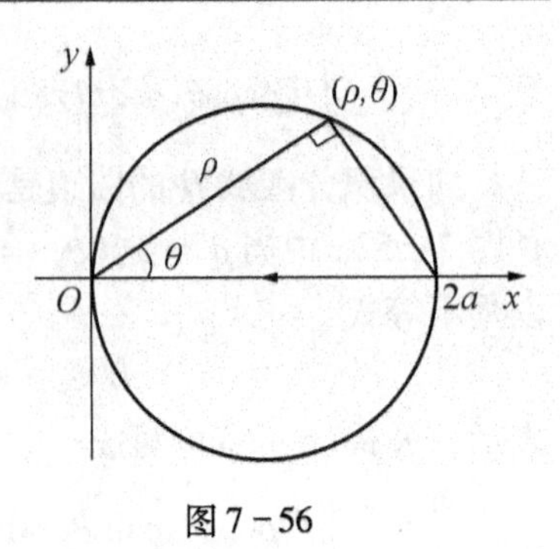

图 7－56

例 13 计算 $\iint\limits_D \sqrt{x^2+y^2}\,\mathrm{d}\sigma$，其中 D 为 $(x-a)^2+y^2\leqslant a^2$.

解 所给区域 D：$(x-a)^2+y^2\leqslant a^2$ 在极坐标系中变为

$$(\rho\cos\theta-a)^2+(\rho\sin\theta)^2\leqslant a^2$$

化简得 $\rho\leqslant 2a\cos\theta$（这个式子也可以从图 7－56 中由三角函数的定义获得），且 $-\frac{\pi}{2}\leqslant\theta\leqslant\frac{\pi}{2}$. 由公式(6－7)，有

$$\begin{aligned}\iint\limits_D \sqrt{x^2+y^2}\,\mathrm{d}\sigma &= \iint\limits_D \rho\cdot\rho\mathrm{d}\rho\mathrm{d}\theta\\ &= \int_{-\frac{\pi}{2}}^{\frac{\pi}{2}}\mathrm{d}\theta\int_0^{2a\cos\theta}\rho^2\mathrm{d}\rho\\ &= \int_{-\frac{\pi}{2}}^{\frac{\pi}{2}}\frac{8}{3}a^3\cos^3\theta\mathrm{d}\theta\\ &= \frac{8}{3}a^3\int_{-\frac{\pi}{2}}^{\frac{\pi}{2}}(1-\sin^2\theta)\mathrm{d}\sin\theta\\ &= \frac{32}{9}a^3\end{aligned}$$

例 14 计算 $\iint\limits_D \mathrm{e}^{-x^2-y^2}\mathrm{d}x\mathrm{d}y$，其中 D 是闭圆域 $x^2+y^2\leqslant a^2$.

解 在极坐标系中，闭圆域 D 可表示为 $0\leqslant\rho\leqslant a$，$0\leqslant\theta\leqslant 2\pi$. 由公式(6－8)，得

$$\begin{aligned}\iint\limits_D \mathrm{e}^{-x^2-y^2}\mathrm{d}x\mathrm{d}y &= \iint\limits_D \mathrm{e}^{-\rho^2}\rho\mathrm{d}\rho\mathrm{d}\theta\\ &= \int_0^{2\pi}\mathrm{d}\theta\int_0^a\rho\mathrm{e}^{-\rho^2}\mathrm{d}\rho\\ &= 2\pi\left[-\frac{1}{2}\mathrm{e}^{-\rho^2}\right]_0^a\\ &= \pi(1-\mathrm{e}^{-a^2})\end{aligned}$$

本例如果用直角坐标计算，由于积分 $\int\mathrm{e}^{-x^2}\mathrm{d}x$ 不能用初等函数表示，所以算不出来.

例 15　利用例 14 的结果计算在概率论中常用的广义积分 $\int_0^{+\infty} e^{-x^2}dx$.

解　设 $D_1 = \{(x,y) \mid x^2 + y^2 \leqslant R^2, x \geqslant 0, y \geqslant 0\}$

$$D_2 = \{(x,y) \mid x^2 + y^2 \leqslant 2R^2, x \geqslant 0, y \geqslant 0\}$$

$$S = \{(x,y) \mid 0 \leqslant x \leqslant R, 0 \leqslant y \leqslant R\}$$

显然 $D_1 \subset S \subset D_2$(图 7－57). 由于 $e^{-x^2-y^2} > 0$，从而在这些闭区域上的二重积分之间有不等式

$$\iint_{D_1} e^{-x^2-y^2}dxdy < \iint_{S} e^{-x^2-y^2}dxdy < \iint_{D_2} e^{-x^2-y^2}dxdy$$

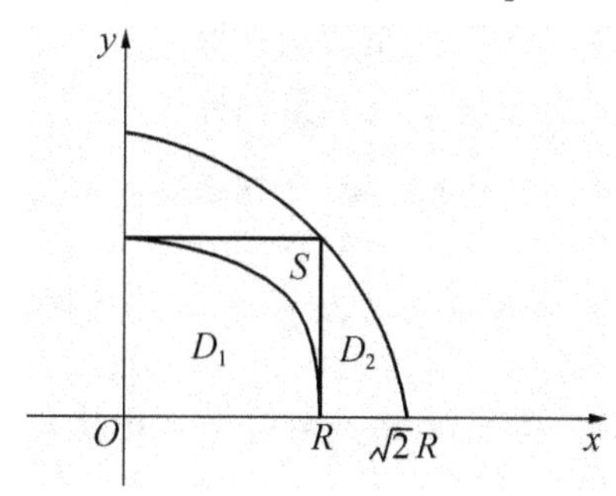

图 7－57

因为
$$\iint_{S} e^{-x^2-y^2}dxdy = \int_0^R e^{-x^2}dx \cdot \int_0^R e^{-y^2}dy$$

$$= \left(\int_0^R e^{-x^2}dx\right)^2$$

应用例 14 已得的结果有

$$\iint_{D_1} e^{-x^2-y^2}dxdy = \frac{\pi}{4}(1 - e^{-R^2})$$

$$\iint_{D_2} e^{-x^2-y^2}dxdy = \frac{\pi}{4}(1 - e^{-2R^2})$$

于是上面的不等式可写成

$$\frac{\pi}{4}(1 - e^{-R^2}) < \left(\int_0^R e^{-x^2}dx\right)^2 < \frac{\pi}{4}(1 - e^{-2R^2})$$

令 $R \to +\infty$，上式两端趋于同一极限 $\frac{\pi}{4}$，从而

$$\int_0^{+\infty} e^{-x^2}dx = \frac{\sqrt{2}\,\pi}{2}$$

习题 7－6

1. 利用二重积分的几何意义求 $\iint\limits_D 2\mathrm{d}\sigma$ 的值，其中 D 为 $x^2+y^2\leqslant a^2$.

2. 画出积分区域，把二重积分 $I=\iint\limits_D f(x,y)\mathrm{d}\sigma$ 化为二次积分(用两种积分次序)：

(1) D 是由 $y=x^2$，$x=1$ 及 $y=0$ 所围成的区域；

(2) D 是由 $y=x$ 及 $y^2=4x$ 所围成的区域.

3. 画出积分区域，并计算下列二重积分：

(1) $\iint\limits_D \mathrm{e}^{x+y}\mathrm{d}\sigma$，其中 D 为 $0\leqslant x\leqslant 1$，$0\leqslant y\leqslant 1$；

(2) $\iint\limits_D x\sqrt{y}\mathrm{d}\sigma$，其中 D 是由 $y=\sqrt{x}$ 及 $y=x^2$ 所围成的区域；

(3) $\iint\limits_D \sin x\cos y\mathrm{d}x\mathrm{d}y$，其中 D 由 $y=x$，$y=0$ 及 $x=\dfrac{\pi}{2}$ 所围成的区域；

(4) $\iint\limits_D \mathrm{e}^{-y^2}\mathrm{d}\sigma$，其中 D 是由 $x=0$，$y=1$ 及 $y=x$ 所围成的区域.

4. 改换下列二次积分的积分次序：

(1) $\int_0^1\mathrm{d}x\int_x^1 f(x,y)\mathrm{d}y$；

(2) $\int_0^2\mathrm{d}y\int_{y^2}^{2y} f(x,y)\mathrm{d}x$；

(3) $\int_1^2\mathrm{d}x\int_{2-x}^{\sqrt{2x-x^2}} f(x,y)\mathrm{d}y$；

(4) $\int_0^1\mathrm{d}y\int_0^y f(x,y)\mathrm{d}x+\int_1^2\mathrm{d}y\int_0^{2-y} f(x,y)\mathrm{d}x$.

5. 计算二次积分 $I=\int_0^1 x\mathrm{d}x\int_x^1 \mathrm{e}^{-y^3}\mathrm{d}y$.

6. 画出积分区域，利用极坐标计算下列二重积分：

(1) $\iint\limits_D xy\mathrm{d}\sigma$，其中 D 为圆域 $x^2+y^2\leqslant a^2$；

(2) $\iint\limits_D (1-x^2-y^2)\mathrm{d}\sigma$，其中 D 是由 $y=x$，$y=0$ 及 $x^2+y^2=1$ 在第一象限内所围成的区域；

(3) $\iint\limits_D \dfrac{\mathrm{d}x\mathrm{d}y}{1+x^2+y^2}$，其中 D 为圆域 $x^2+y^2\leqslant 1$；

(4) $\iint\limits_D \sqrt{x^2+y^2}\mathrm{d}\sigma$，其中 D 为圆域 $x^2+y^2\leqslant y$.

第七章复习题

一、填空题

1. 以点 $(1, -2, 2)$ 为球心，且过坐标原点的球面方程____________.

2. 设 $f(x, y)=\frac{y^2}{x}$，则 $\mathrm{d}f(1, 1)=$____________.

3. 设 $z=xf(xy^2)$，其中 $f(u)$ 有二阶连续偏导数，则 $\frac{\partial^2 z}{\partial x\,\partial y}=$____________.

4. 函数 $z=(1-x)^2+(2-y)^2$ 的驻点是____________.

5. 设 $\iint\limits_D f(x,y)\mathrm{d}\sigma=\int_0^1\mathrm{d}y\int_0^y f(x,y)\mathrm{d}x$，则改换积分次序后，$\iint\limits_D f(x,y)\mathrm{d}\sigma=$____________.

二、选择题

1. 在空间直角坐标系中，点 $(4, 0, 3)$ 的位置是在　　(　　)

A. y 轴上　　B. xOy 面上

C. xOz 面上　　D. 第一卦限内

2. 函数 $z=\frac{1}{\ln(x+y)}$ 的定义域是　　(　　)

A. $x+y\neq 0$　　B. $x+y>0$

C. $x+y\neq 1$　　D. $x+y>0$ 且 $x+y\neq 1$

3. 二元函数 $z=f(x, y)$ 在点 (x_0, y_0) 处可导（偏导数存在）与可微的关系是　　(　　)

A. 可导必可微　　B. 可导一定不可微

C. 可微必可导　　D. 可微不一定可导

4. 设方程 $e^z-xyz=0$ 确定隐函数 $z=z(x,y)$，则 $\frac{\partial z}{\partial x}=$　　(　　)

A. $\frac{z}{1+z}$　　B. $\frac{z}{x(z-1)}$

C. $\frac{y}{x(1+z)}$　　D. $\frac{y}{x(1-z)}$

5. 对于函数 $z=xy$，原点 $(0, 0)$　　(　　)

A. 不是驻点　　B. 是驻点但非极值点

C. 是驻点且为极大值点　　D. 是驻点且为极小值点

三、计算题

1. 已知 $y=1+xe^y$，求 $\left.\frac{dy}{dx}\right|_{x=0}$.

2. 设由方程 $z^3-3xyz=a^3$ 确定隐函数 $z=z(x,y)$，求 $\frac{\partial z}{\partial x}, \frac{\partial z}{\partial y}$.

3. 求由曲线 $y=x^2$ 及直线 $y=4$ 所围成的部分平面薄片的质量，设其面密度为常数 a.

4. 计算二重积分

$$I=\int_1^3 dy\int_y^3 \frac{dx}{y\ln x}.$$

四、综合题

1. 设函数 $z=z(x,y)$ 由方程 $x^2+z^2=2ye^z$ 所确定. 求 dz.

2. 设 $z=\frac{y}{f(x^2-y^2)}$，其中 $f(u)$ 为可导函数. 证明

$$\frac{1}{x}\frac{\partial z}{\partial x}+\frac{1}{y}\frac{\partial z}{\partial y}=\frac{z}{y^2}$$

3. 设区域 D 是由曲线 $y=\frac{1}{x}$，直线 $y=x$ 及 $x=2$ 所围成：

(1)求区域 D 的面积；

(2)求以曲面 $z=\frac{x}{1+y}$ 为曲顶、以 D 为底的曲顶柱体的体积.

4. 已知 D 是由 $x+y=1$ 和两坐标轴围成的三角形域，且

$$\iint_D f(x)\,dxdy=\int_0^1 \varphi(x)\,dx$$

求函数 $\varphi(x)$.

5. 设圆锥的底圆半径 r 由 30cm 增加到 30.1cm，高 h 由 60cm 减少到 59.5cm. 试求圆锥体积变化的近似值.

第八章　无穷级数

从18世纪以来，无穷级数一直被认为是微积分的一个不可缺少的部分．无穷级数与微积分都以数列极限为共同的基本工具，两者有密切的关系．无穷级数是表示函数、研究函数性质和进行数值计算的有力工具．无穷级数在自然科学、工程技术和数学的许多分支中都有着广泛的应用．

本章首先介绍无穷级数的敛散概念及无穷级数的基本性质，然后讨论常数项级数的敛散性及判别法，最后研究幂级数及几个初等函数的幂级数展开式以及有关的应用问题．

第一节　常数项级数的概念与性质

一、常数项级数的概念

人们认识事物在数量方面的特征，常常有一个由近似到精确的过程．在这当中会遇到由有限个数量相加到无穷多个数量相加的问题．

例如，计算半径为 R 的圆面积 A，具体做法如下：先作圆的内接正六边形，算出其面积 a_1，它是面积 A 的一个粗糙近似值．为准确起见，我们以这个正六边形的每一边为底分别作一个顶点在圆周上的等腰三角形（图 8－1），算出这六个等腰三角形的面积之和 a_2，那么 a_1+a_2（即内接正十二边形的面积）就是 A 的一个较好的近似值．同样地，在正十二边形的每一边上作一个顶点在圆周上的等腰三角形，算出这十二个等腰三角形的面积之和 a_3，那么 $a_1+a_2+a_3$（即内接正二十四边形的面积）就是 A 的一个更好的近似值……如此继续下去，内接正 3×2^n 边形的面积就随 n 的增大逐步逼近圆的面积：

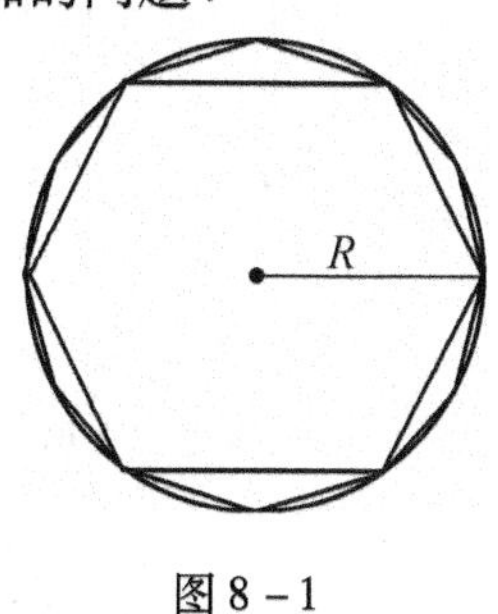

图 8－1

$$A\approx a_1$$

$$A\approx a_1+a_2$$

$$A\approx a_1+a_2+a_3$$

$$\vdots$$

$$A \approx a_1 + a_2 + \cdots + a_n$$

如果内接正多边形的边数无限增多，即 n 无限增大，则和 $a_1 + a_2 + \cdots + a_n$ 的极限就是所要求的圆面积 A.

这就出现了无穷多个数量依次相加的数学式子.

一般地，如果给定一个数列

$$u_1, u_2, \cdots, u_n, \cdots$$

则由这个数列构成的表达式

$$u_1 + u_2 + \cdots + u_n + \cdots$$

叫做无穷级数，简称级数，记作 $\sum\limits_{n=1}^{\infty} u_n$，即

$$\sum_{n=1}^{\infty} u_n = u_1 + u_2 + \cdots + u_n + \cdots \qquad (1-1)$$

其中第 n 项 u_n 叫做级数的一般项. 如果级数的每一项都是常数，则称它为常数项级数；如果级数的每一项都是函数，则称它为函数项级数.

上述级数 $\sum\limits_{n=1}^{\infty} u_n$ 的定义是一个抽象的规定，但不能只看成是一个记号，而要思考它代表的具体内容. 下面仍借助上面求圆面积的例子，从有限项的和入手，联系数列极限的概念，揭示无穷多个数相加的内涵.

数列 $\{u_n\}$ 是已知的，u_n 是直接的研究对象，

$u_1 = S_1$（S_1 是级数(1-1)的第一项）

$u_1 + u_2 = S_2$（S_2 是级数(1-1)的前两项之和）

$u_1 + u_2 + u_3 = S_3$（S_3 是级数(1-1)的前面三项之和）

$\vdots$

$u_1 + u_2 + \cdots + u_n = S_n$（$S_n$ 是级数(1-1)前几项和. 称 S_n 为级数的部分和）

$\vdots$

$$\sum_{n=1}^{\infty} u_n = u_1 + u_2 + \cdots + u_n + \cdots = \lim_{n\to\infty} S_n$$

由上述可知，给定级数 $\sum\limits_{n=1}^{\infty} u_n$，就有部分和数列 $\{S_n\}$；反之，给定数列 $\{S_n\}$，就有以 $\{S_n\}$ 为部分和数列的级数

$$S_1 + (S_2 - S_1) + \cdots + (S_n - S_{n-1}) + \cdots = S_1 + \sum_{n=2}^{\infty} (S_n - S_{n-1})$$

$$= \sum_{n=1}^{\infty} u_n$$

由此可见，级数 $\sum_{n=1}^{\infty} u_n$ 代表的具体内容就是新的数列 S_n，即

$$\sum_{n=1}^{\infty} u_n \equiv \{S_n\}$$

其中 u_n 仍是直接的研究对象，而 S_n 是派生出的新概念，表明“无穷多个数相加”应由部分和数列 S_n 的敛散来决定．以上推断也印证了马克思所言“抽象的规定在思维的行程中导致具体的再现”的哲理．就是说，抽象只是用思维的形式反映出已存在于事物中的内容．

根据部分和数列 $\{S_n\}$ 是否存在极限，我们引进级数的收敛与发散的概念．

定义 1　如果级数 $\sum_{n=1}^{\infty} u_n$ 的部分和数列 $\{S_n\}$ 有极限 S，即

$$\lim_{n\to\infty} S_n = S$$

则称无穷级数 $\sum_{n=1}^{\infty} u_n$ 收敛，极限 S 称为级数 $\sum_{n=1}^{\infty} u_n$ 的和，记为：

$$S = u_1 + u_2 + \cdots + u_n + \cdots$$

如果 $\{S_n\}$ 没有极限，则称无穷级数 $\sum_{n=1}^{\infty} u_n$ 发散．

发散的级数没有“和”．级数的收敛性与发散性统称为敛散性．

当级数收敛时，其部分和 S_n 是级数和 S 的近似值，它们之间的差值

$$\gamma_n = S - S_n = u_{n+1} + u_{n+2} + \cdots$$

称为级数的余项．用近似值 S_n 代替和 S 所产生的误差是这个余项的绝对值，即误差是 $|\gamma_n|$.

例 1　判定级数

$$\frac{1}{1\cdot 2} + \frac{1}{2\cdot 3} + \cdots + \frac{1}{n(n+1)} + \cdots$$

的敛散性．

解　由于

$$\begin{aligned} u_n &= \frac{1}{n(n+1)} \\ &= \frac{1}{n} - \frac{1}{n+1} \end{aligned}$$

因此

$$\begin{aligned} S_n &= \frac{1}{1\cdot 2} + \frac{1}{2\cdot 3} + \cdots + \frac{1}{n(n+1)} \\ &= \left(1 - \frac{1}{2}\right) + \left(\frac{1}{2} - \frac{1}{3}\right) + \cdots + \left(\frac{1}{n} - \frac{1}{n+1}\right) \\ &= 1 - \frac{1}{n+1} \end{aligned}$$

从而
$$\lim_{n\to\infty}S_n=\lim_{n\to\infty}\left(1-\frac{1}{n+1}\right)=1$$
所以这级数收敛，它的和是1.

例2 证明级数
$$1+2+3+\cdots+n+\cdots$$
是发散的.

证 这级数的部分和为
$$S_n=1+2+3+\cdots+n$$
$$=\frac{n(n+1)}{2}$$
$$\lim_{n\to\infty}S_n=\lim_{n\to\infty}\frac{n(n+1)}{2}=\infty$$
因此所给级数发散.

例3 证明等比级数(也称为几何级数)
$$\sum_{n=0}^{\infty}aq^n=a+aq+aq^2+\cdots+aq^{n-1}+\cdots(a\neq 0) \qquad (1-2)$$
当$|q|<1$时收敛，当$|q|\geqslant 1$时发散.

证 当公比$q\neq 1$时，级数的部分和
$$S_n=a+aq+\cdots+aq^{n-1}$$
$$=\frac{a-aq^n}{1-q}$$
$$=\frac{a}{1-q}-\frac{aq^n}{1-q}$$

当$|q|<1$时，由于$\lim\limits_{n\to\infty}q^n=0$，从而$\lim\limits_{n\to\infty}S_n=\frac{a}{1-q}$，因此级数(1-2)收敛，其和为$\frac{a}{1-q}$；当$|q|>1$时，由于$\lim\limits_{n\to\infty}q^n=\infty$，从而$\lim\limits_{n\to\infty}S_n=\infty$，此时级数(1-2)发散；

$|q|=1$：当$q=1$时，$S_n=na\to\infty$，因此级数(1-2)发散；当$q=-1$时，级数成为
$$a-a+a-a+\cdots$$
当n为偶数时，$S_n=0$；当n为奇数时，$S_n=a$. 当$n\to\infty$时，S_n的极限不存在，所以级数(1-2)也发散.

二、收敛级数的基本性质

根据级数收敛、发散以及和的概念，可以得出收敛级数的几个基本性质.

性质 1　若级数 $\sum_{n=1}^{\infty} u_n$ 收敛，其和为 S，则级数 $\sum_{n=1}^{\infty} ku_n$ 也收敛(k 为常数)，且其和为 kS.

证　设级数 $\sum_{n=1}^{\infty} u_n$ 与级数 $\sum_{n=1}^{\infty} ku_n$ 的部分和分别为 S_n 与 σ_n，则

$$\begin{aligned}\sigma_n &= ku_1 + ku_2 + \cdots + ku_n \\ &= kS_n\end{aligned}$$

于是

$$\begin{aligned}\lim_{n\to\infty}\sigma_n &= \lim_{n\to\infty} kS_n \\ &= kS\end{aligned}$$

故级数 $\sum_{n=1}^{\infty} ku_n$ 收敛，且和为 kS.

推论　若 $\sum_{n=1}^{\infty} u_n$ 发散，则 $\sum_{n=1}^{\infty} ku_n$ 也发散(常数 $k\neq 0$).

性质 2　若级数 $\sum_{n=1}^{\infty} u_n$，$\sum_{n=1}^{\infty} v_n$ 均收敛，则级数 $\sum_{n=1}^{\infty} (u_n \pm v_n)$ 也收敛，并且有

$$\sum_{n=1}^{\infty} (u_n \pm v_n) = \sum_{n=1}^{\infty} u_n \pm \sum_{n=1}^{\infty} v_n$$

由性质 2，利用反证法可证：

若级数 $\sum_{n=1}^{\infty} u_n$ 与 $\sum_{n=1}^{\infty} v_n$ 中有一个收敛，另一个发散，则级数 $\sum_{n=1}^{\infty} (u_n \pm v_n)$ 必发散.

但是，如果 $\sum_{n=1}^{\infty} u_n$ 与 $\sum_{n=1}^{\infty} v_n$ 都发散，却不能断定 $\sum_{n=1}^{\infty} (u_n \pm v_n)$ 也发散. 例如，$\sum_{n=1}^{\infty} (-1)^n$ 与 $\sum_{n=1}^{\infty} (-1)^{n+1}$ 都发散，但 $\sum_{n=1}^{\infty} [(-1)^n + (-1)^{n+1}]$ 收敛于零.

性质 3　在级数中增加或去掉有限项，级数的敛散性不会改变.

不过在收敛情形时，改变后的级数其和也要改变.

证　为确定起见，考察下面两个级数

$$u_1 + u_2 + u_3 + u_4 + \cdots$$

$$u_3 + u_4 + u_5 + u_6 + \cdots$$

第二个是由第一个去掉前两项所得到的．仍用 S_n 表示第一个级数的前 n 项的和，用 σ_n 表示第二个级数的前 n 项的和，显然有

$$\sigma_{n-2} = S_n - (u_1 + u_2)$$

$$S_n = \sigma_{n-2} + (u_1 + u_2)$$

由此可见，在 $n \to \infty$ 时，σ_{n-2}，S_n 或同时分别具有极限 σ，S，或同时没有极限．在有极限时，其间关系为

$$\sigma = S - (u_1 + u_2)$$

性质 4　收敛级数加括号后所成的级数仍收敛，且其和不变．

证　设收敛级数

$$S = u_1 + u_2 + \cdots + u_n + \cdots$$

它按照某一规律加括号后所成的级数设为

$$(u_1 + u_2) + (u_3 + u_4 + u_5) + \cdots$$

用 σ_m 表示第二个级数的前 m 项的和，用 S_n 表示相应于 σ_m 的第一个级数的前 n 项的和．于是有

$$\sigma_1 = S_2, \sigma_2 = S_5, \cdots, \sigma_m = S_n, \cdots$$

显然，当 $m \to \infty$ 时，$n \to \infty$，因此

$$\lim_{m \to \infty} \sigma_m = \lim_{n \to \infty} S_n = S$$

注意，收敛级数去括号后所成的级数不一定收敛．例如，级数

$$(1 - 1) + (1 - 1) + \cdots$$

收敛于零，但级数

$$1 - 1 + 1 - 1 + \cdots$$

是发散的．

根据性质 4 可得如下推论：

推论　如果加括号后所成的级数发散，则原级数也发散．

事实上，倘若原级数收敛，则根据性质 4 知道，加括号后的级数就应该收敛．

性质 5（级数收敛的必要条件）　若级数 $\sum_{n=1}^{\infty} u_n$ 收敛，则它的一般项 u_n 必趋于零，即

$$\lim_{n \to \infty} u_n = 0$$

证　设级数 $\sum_{n=1}^{\infty} u_n$ 收敛，因为 $u_n = S_n - S_{n-1}$，所以

$$\begin{aligned}\lim_{n\to\infty} u_n &= \lim_{n\to\infty}(S_n - S_{n-1}) \\ &= \lim_{n\to\infty} S_n - \lim_{n\to\infty} S_{n-1} \\ &= S - S = 0\end{aligned}$$

注意，$\lim_{n\to\infty} u_n = 0$ 只是级数 $\sum_{n=1}^{\infty} u_n$ 收敛的必要条件，不是充分条件，不能由 $\lim_{n\to\infty} u_n = 0$ 就断言级数 $\sum_{n=1}^{\infty} u_n$ 收敛.

例 4　考察级数 $\sum_{n=1}^{\infty} \frac{1}{\sqrt{n}}$ 的敛散性.

解　显然

$$\lim_{n\to\infty} u_n = \lim_{n\to\infty} \frac{1}{\sqrt{n}} = 0$$

但其部分和

$$S_n = \frac{1}{\sqrt{1}} + \frac{1}{\sqrt{2}} + \cdots + \frac{1}{\sqrt{n}} > \frac{1}{\sqrt{n}} + \frac{1}{\sqrt{n}} + \cdots + \frac{1}{\sqrt{n}} = \sqrt{n}$$

而 $\lim_{n\to\infty} S_n = +\infty$，因此级数 $\sum_{n=1}^{\infty} \frac{1}{\sqrt{n}}$ 发散.

推论　若 $\lim_{n\to\infty} u_n \neq 0$，则级数 $\sum_{n=1}^{\infty} u_n$ 必定发散.

例 5　证明调和级数 $\sum_{n=1}^{\infty} \frac{1}{n}$ 是发散的.

证　把调和级数

$$1 + \frac{1}{2} + \frac{1}{3} + \frac{1}{4} + \cdots + \frac{1}{n} + \cdots$$

按如下方式加括号构成新级数 $\sum_{n=1}^{\infty} v_n$：

$$1 + \frac{1}{2} + \left(\frac{1}{3} + \frac{1}{4}\right) + \left(\frac{1}{5} + \frac{1}{6} + \frac{1}{7} + \frac{1}{8}\right) + \left(\frac{1}{9} + \frac{1}{10} + \cdots + \frac{1}{16}\right) + \left(\frac{1}{17} + \frac{1}{18} + \cdots + \frac{1}{32}\right) + \cdots$$

注意到

$$\begin{aligned}&\frac{1}{3} + \frac{1}{4} > \frac{1}{4} + \frac{1}{4} = 2 \cdot \frac{1}{4} = \frac{1}{2} \\ &\frac{1}{5} + \frac{1}{6} + \frac{1}{7} + \frac{1}{8} > 4 \cdot \frac{1}{8} = \frac{1}{2} \\ &\frac{1}{9} + \frac{1}{10} + \cdots + \frac{1}{16} > 8 \cdot \frac{1}{16} = \frac{1}{2} \\ &\vdots\end{aligned}$$

易知新级数 $\sum_{n=1}^{\infty} v_n$ 的每一项都大于$\frac{1}{2}$，因而它的前 n 项部分和大于$\frac{n}{2}$，当 $n\to\infty$ 时没有极限．这表明新级数发散．由性质 4 的推论，故调和级数

$$1+\frac{1}{2}+\frac{1}{3}+\cdots+\frac{1}{n}+\cdots$$

发散．

例 6　若级数 $\sum_{n=1}^{\infty} u_n$ 收敛，试判定下列级数的敛散性：

（1）$\sum_{n=1}^{\infty} 100u_n$；　　（2）$\sum_{n=1}^{\infty}(u_n+100)$；

（3）$\sum_{n=1}^{\infty}\frac{100}{u_n}$.

解　(1)因为 $\sum_{n=1}^{\infty} u_n$ 收敛，根据性质 1，知 $\sum_{n=1}^{\infty} 100u_n$ 收敛．

(2)因为

$$\begin{aligned}\lim_{n\to\infty}(u_n+100) &= \lim_{n\to\infty}u_n+100\\ &= 100\neq 0\end{aligned}$$

所以 $\sum_{n=1}^{\infty}(u_n+100)$ 发散．

(3)因为 $\sum_{n=1}^{\infty} u_n$ 收敛，$\lim_{n\to\infty}u_n=0$，$\lim_{n\to\infty}\frac{100}{u_n}=\infty$，所以 $\sum_{n=1}^{\infty}\frac{100}{n}$ 发散．

例 7　判定级数 $\sum_{n=1}^{\infty}\left(\frac{2}{3^n}+\frac{(-1)^{n-1}}{2^n}\right)$ 的敛散性．若收敛，求其和．

解　因为

$$\sum_{n=1}^{\infty}\left(\frac{2}{3^n}+\frac{(-1)^{n-1}}{2^n}\right)=\sum_{n=1}^{\infty}\frac{2}{3^n}+\sum_{n=1}^{\infty}\frac{(-1)^{n-1}}{2^n}$$

其中级数 $\sum_{n=1}^{\infty}\frac{2}{3^n}$ 是首项 $a=\frac{2}{3}$、公比 $q=\frac{1}{3}$的等比级数；级数 $\sum_{n=1}^{\infty}\frac{(-1)^{n-1}}{2^n}$ 是首项 $a=\frac{1}{2}$、公比 $q=-\frac{1}{2}$的等比级数，它们都收敛，其和分别为

$$S_1=\frac{\frac{2}{3}}{1-\frac{1}{3}}=1$$

$$S_2=\frac{\frac{1}{2}}{1-\left(-\frac{1}{2}\right)}=\frac{1}{3}$$

根据性质 2 可知，级数 $\sum_{n=1}^{\infty}\left(\frac{2}{3^n}+\frac{(-1)^{n-1}}{2^n}\right)$ 收敛，其和为$\frac{4}{3}$.

习题 8－1

1. 写出下列无穷级数的一般项：

(1) $1+\frac{1}{3}+\frac{1}{5}+\frac{1}{7}+\cdots$；

(2) $\frac{2}{1}-\frac{3}{2}+\frac{4}{3}-\frac{5}{4}+\frac{6}{5}-\cdots$；

(3) $\frac{1}{2}+\frac{2}{5}+\frac{3}{10}+\frac{4}{17}+\cdots$；

(4) $\frac{1}{1\cdot 4}+\frac{x}{4\cdot 7}+\frac{x^2}{7\cdot 10}+\frac{x^3}{10\cdot 13}+\cdots$.

2. 试用定义判定下列级数的敛散性：

(1) $\sum_{n=1}^{\infty}\frac{1}{2^n}$；　　(2) $\sum_{n=1}^{\infty}(\sqrt{n+1}-\sqrt{n})$.

3. 判定下列级数的敛散性：

(1) $0.001+\sqrt{0.001}+\sqrt[3]{0.001}+\cdots+\sqrt[n]{0.001}+\cdots$；

(2) $\frac{1}{2}+\frac{3}{4}+\frac{5}{6}+\frac{7}{8}+\cdots$；

(3) $\frac{1}{4}+\frac{1}{8}+\frac{1}{12}+\frac{1}{16}+\cdots$；

(4) $1-\frac{1}{2}+\frac{1}{2^2}-\cdots+(-1)^n\frac{1}{2^n}+\cdots$.

4. 判定下列级数的敛散性：

(1) $\sum_{n=1}^{\infty}\frac{1}{n+3}$；　　(2) $\sum_{n=1}^{\infty}\frac{n}{n+1}$；

(3) $\sum_{n=1}^{\infty}\left(\frac{1}{2^n}+\frac{5}{3^n}\right)$；　　(4) $\sum_{n=1}^{\infty}\left(\frac{5}{n}+\frac{1}{2^n}\right)$.

5. 若 $\sum_{n=1}^{\infty}u_n$ 收敛，则下列级数发散的是　　(　　)

A. $100+\sum_{n=1}^{\infty}u_n$　　B. $\sum_{n=1}^{\infty}100u_n$　　C. $\sum_{n=1}^{\infty}u_{n+100}$　　D. $\sum_{n=1}^{\infty}\frac{1}{u_n}$

第二节 常数项级数的审敛法

上一节由数列极限的定义确定了级数的敛散性概念，证明了级数的基本性质. 这一节将利用前面的知识和数列极限的性质介绍三种常数项级数敛散性的审敛法.

一、正项级数及其审敛法

设有级数

$$u_1 + u_2 + \cdots + u_n + \cdots \qquad (2-1)$$

如果 $u_n \geqslant 0(n=1, 2, \cdots)$，这种级数称为正项级数.

这种级数特别重要，许多级数的收敛性问题可归结为正项级数的收敛性问题.

设正项级数(2-1)的部分和为 S_n，由于

$$S_n - S_{n-1} = u_n \geqslant 0$$

所以数列 $\{S_n\}$ 是单调增加的：

$$S_1 \leqslant S_2 \leqslant \cdots \leqslant S_n \leqslant \cdots$$

如果数列 $\{S_n\}$ 有界，即 S_n 总不大于某一常数 M，则根据“单调有界数列必有极限”的准则，级数(2-1)必收敛于和 S，且 $S_n \leqslant S \leqslant M$. 反之，如果正项级数(2-1)收敛于和 S，即 $\lim\limits_{n\to\infty} S_n = S$，根据“收敛数列必有界”的性质，可知数列 S_n 有界. 因此，得到如下的定理：

定理 1(审敛准则) **正项级数 $\sum\limits_{n=1}^{\infty} u_n$ 收敛的充分必要条件是它的部分和数列 $\{S_n\}$ 有界.**

由定理 1 可知，如果正项级数发散，则它的部分和数列 $S_n \to +\infty$（当 $n\to\infty$），即 $\sum\limits_{n=1}^{\infty} u_n = +\infty$.

根据定理 1 可得关于正项级数的一个基本的审敛法：

定理 2(比较审敛法) **设 $\sum\limits_{n=1}^{\infty} u_n$ 和 $\sum\limits_{n=1}^{\infty} v_n$ 都是正项级数，且 $u_n \leqslant v_n(n=1,2,\cdots)$，则**

(1) 当 $\sum\limits_{n=1}^{\infty} v_n$ 收敛时，$\sum\limits_{n=1}^{\infty} u_n$ 也收敛；

(2) 当 $\sum\limits_{n=1}^{\infty} u_n$ 发散时，$\sum\limits_{n=1}^{\infty} v_n$ 也发散.

证　设级数 $\sum\limits_{n=1}^{\infty} v_n$ 收敛于和 σ，则级数 $\sum\limits_{n=1}^{\infty} u_n$ 的部分和

$$S_n = u_1 + u_2 + \cdots + u_n \leqslant v_1 + v_2 + \cdots + v_n \leqslant \sigma (n = 1,2,\cdots)$$

即部分和数列 $\{S_n\}$ 有界．由定理 1 知级数 $\sum\limits_{n=1}^{\infty} u_n$ 收敛．

反之，设 $\sum\limits_{n=1}^{\infty} u_n$ 发散，则级数 $\sum\limits_{n=1}^{\infty} v_n$ 必发散．因为若级数 $\sum\limits_{n=1}^{\infty} v_n$ 收敛，由上面已证明的结论，将有级数 $\sum\limits_{n=1}^{\infty} u_n$ 也收敛，与假设矛盾．

注意到级数的每一项同乘不为零的常数 k，以及去掉有限项不会影响级数的敛散性，可以把比较审敛法的条件适当放宽，得到如下推论：

推论　设 $\sum\limits_{n=1}^{\infty} u_n$ 及 $\sum\limits_{n=1}^{\infty} v_n$ 都是正项级数．如果级数 $\sum\limits_{n=1}^{\infty} v_n$ 收敛，并且从某项起(例如从第 N 项起)当 $n \geqslant N$ 时，$u_n \leqslant kv_n (k>0)$，则级数 $\sum\limits_{n=1}^{\infty} u_n$ 也收敛；如果级数 $\sum\limits_{n=1}^{\infty} v_n$ 发散，并且从某项起，$u_n \geqslant kv_n (k>0)$，则级数 $\sum\limits_{n=1}^{\infty} u_n$ 也发散．

例 1　判定级数 $\sum\limits_{n=1}^{\infty} \dfrac{1}{n \cdot 2^n}$ 的敛散性．

解　因为

$$u_n = \frac{1}{n \cdot 2^n} \leqslant \frac{1}{2^n} \ (n = 1,2,\cdots)$$

而级数 $\sum\limits_{n=1}^{\infty} \dfrac{1}{2^n}$ 是以 $\dfrac{1}{2}$ 为公比的等比级数，它收敛．由比较审敛法知级数 $\sum\limits_{n=1}^{\infty} \dfrac{1}{n \cdot 2^n}$ 收敛．

例 2　判定级数

$$1 + \frac{1}{3} + \frac{1}{5} + \frac{1}{7} + \cdots \frac{1}{2n-1} + \cdots$$

的敛散性．

解　因为

$$u_{n+1} = \frac{1}{2n-1} > \frac{1}{2n} > 0 \quad (n = 1,2,\cdots)$$

而 $\sum\limits_{n=1}^{\infty} \dfrac{1}{2n}$ 发散，由比较审敛法知级数 $\sum\limits_{n=1}^{\infty} \dfrac{1}{2n-1}$ 发散．

例 3 证明级数 $\sum_{n=1}^{\infty}\frac{1}{\sqrt{n(n+1)}}$ 是发散的.

证 因为 $n(n+1)<(n+1)^2$，所以

$$\frac{1}{\sqrt{n(n+1)}}>\frac{1}{n+1}\ (n=1,2,\cdots)$$

而级数

$$\sum_{n=1}^{\infty}\frac{1}{n+1}=\frac{1}{2}+\frac{1}{3}+\cdots+\frac{1}{n+1}+\cdots$$

是发散的. 根据比较审敛法可知所给级数发散.

例 4 讨论 p 级数

$$\sum_{n=1}^{\infty}\frac{1}{n^p}=1+\frac{1}{2^p}+\frac{1}{3^p}+\frac{1}{4^p}+\cdots+\frac{1}{n^p}+\cdots \tag{2-2}$$

的敛散性，其中常数 $p>0$.

解 当 $p\leqslant 1$ 时，$\frac{1}{n}\leqslant\frac{1}{n^p}$ $(n=1, 2, \cdots)$，而调和级数 $\sum_{n=1}^{\infty}\frac{1}{n}$ 发散，故由比较审敛法知 p 级数发散.

当 $p>1$ 时，若 $n>1$，$\forall x\in(n-1, n)$，有 $\frac{1}{n^p}<\frac{1}{x^p}$，对此不等式在区间 $[n-1, n]$ 上取定积分，即有

$$u_n=\frac{1}{n^p}=\int_{n-1}^{n}\frac{1}{n^p}\mathrm{d}x<\int_{n-1}^{n}\frac{1}{x^p}\mathrm{d}x\ (n=2,3,\cdots)$$

如图 8-2 所示，从而级数 $\sum_{n=1}^{\infty}\frac{1}{n^p}$ 的部分和

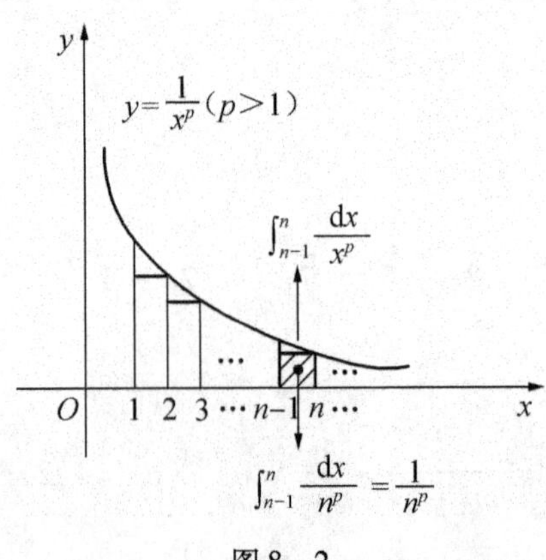

图 8-2

$$S_n = 1 + \frac{1}{2^p} + \frac{1}{3^p} + \cdots + \frac{1}{n^p} < 1 + \int_1^2 \frac{dx}{x^p} + \int_2^3 \frac{dx}{x^p} + \cdots + \int_{n-1}^n \frac{dx}{x^p}$$

$$= 1 + \int_1^n \frac{dx}{x^p}$$

$$= 1 + \frac{1}{p-1}\left(1 - \frac{1}{n^{p-1}}\right) < \frac{p}{p-1}$$

即部分和数列$\{S_n\}$有界。根据定理1(审敛准则)知p级数收敛.

综上讨论得到：p级数$\sum_{n=1}^{\infty} \frac{1}{n^p}$当$p>1$时收敛，当$p \leqslant 1$时发散.

例5　判定级数$\sum_{n=1}^{\infty} \frac{1}{(n+1)(n+2)}$的敛散性.

解　因为

$$u_n = \frac{1}{(n+1)(n+2)} < \frac{1}{n^2} = v_n \quad (n = 1,2,\cdots)$$

而级数$\sum_{n=1}^{\infty} \frac{1}{n^2}$是$p=2$的收敛级数，故原级数收敛.

必须指出，当应用比较审敛法判定级数$\sum_{n=1}^{\infty} u_n$的敛散性时，最好预先对它的敛散性作一个预测：

如果$\sum_{n=1}^{\infty} u_n$收敛，只需适当放大u_n使其表达式不大于v_n，而$\sum_{n=1}^{\infty} v_n$应收敛；如果$\sum_{n=1}^{\infty} u_n$发散，只需适当缩小u_n使其表达式不小于v_n，而$\sum_{n=1}^{\infty} v_n$应发散.

这当中，前面学过的等比级数和p级数就是常用的比较基准. 如例5，显然

$$u_n = \frac{1}{(n+1)(n+2)}$$

当$n \to \infty$时与$\frac{1}{n^2}$是同阶无穷小，因此有理由预测级数$\sum_{n=1}^{\infty} \frac{1}{(n+1)(n+2)}$是收敛的.

例6　判定级数$\sum_{n=1}^{\infty} \frac{1}{\sqrt{1+n^2}}$的敛散性.

解　所给$u_n = \frac{1}{\sqrt{1+n^2}}$当$n \to \infty$时与$\frac{1}{n}$是同阶无穷小，预测所给级数发散. 这时要适当缩小$u_n$，缩小后的表达式就是$v_n$. 且$u_n \geqslant v_n$，即

$$u_n = \frac{1}{\sqrt{1+n^2}} > \frac{1}{\sqrt{1+2n+n^2}} = \frac{1}{n+1} = v_n$$

而
$$\sum_{n=1}^{\infty} v_n = \sum_{n=1}^{\infty} \frac{1}{n+1} = \sum_{n=2}^{\infty} \frac{1}{n}$$

发散，故 $\sum\limits_{n=1}^{\infty} \frac{1}{\sqrt{1+n^2}}$ 发散.

例 7 判定级数 $\sum\limits_{n=1}^{\infty} \frac{1}{\sqrt{1+n^3}}$ 的敛散性.

解 $u_n = \frac{1}{\sqrt{1+n^3}}$ 当 $n \to \infty$ 时与 $\frac{1}{n^{\frac{3}{2}}}$ 是同阶无穷小，因此预测所给级数收敛. 这时要适当放大 u_n，放大后的表达式就是 v_n，且 $u_n \leqslant v_n$，即

$$u_n = \frac{1}{\sqrt{1+n^3}} \leqslant \frac{1}{n^{\frac{3}{2}}} = v_n$$

而 $\sum\limits_{n=1}^{\infty} v_n = \sum\limits_{n=1}^{\infty} \frac{1}{n^{\frac{3}{2}}}$ 是 $p = \frac{3}{2} > 1$ 的收敛级数. 故所给级数收敛.

从例 5、例 6 及例 7 可知，当通项中分母的幂次超出分子的幂次一次以上，级数收敛；否则发散.

定理 3（比较审敛法的极限形式） **设 $\sum\limits_{n=1}^{\infty} u_n$ 和 $\sum\limits_{n=1}^{\infty} v_n$ 为两个正项级数，并且 $\lim\limits_{n\to\infty} \frac{u_n}{v_n} = l \ (0 < l < +\infty)$，则级数 $\sum\limits_{n=1}^{\infty} u_n$ 与 $\sum\limits_{n=1}^{\infty} v_n$ 同敛散.**

例 8 判定级数 $\sum\limits_{n=1}^{\infty} \frac{5n-4}{3n^2+2n-1}$ 的敛散性.

解 记 $u_n = \frac{5n-4}{3n^2+2n-1}$，取 $v_n = \frac{1}{n}$，则

$$\lim_{n\to\infty} \frac{u_n}{v_n} = \lim_{n\to\infty} \frac{5n^2-4n}{3n^2+2n-1} = \frac{5}{3}$$

而 $\sum\limits_{n=1}^{\infty} \frac{1}{n}$ 发散，故原级数 $\sum\limits_{n=1}^{\infty} \frac{5n-4}{3n^2+2n-1}$ 也发散.

可以发现，u_n 的分母幂次仅高出分子的幂次是一次，而不是一次以上，因此原级数发散.

运用比较审敛法要选择另一个级数作为比较基准，但这个作比较的函数有时并不容易找到. 于是达朗贝尔（D'Alembert，1717—1783，法国数学家、力学家、哲学家）将所给正项级数与等比级数作比较，得到实用方便

的比值审敛法.

定理4(比值审敛法)　**设 $\sum_{n=1}^{\infty} u_n$ 为正项级数，如果**

$$\lim_{n\to\infty}\frac{u_{n+1}}{u_n}=\rho$$

则

(1)**当 $\rho<1$ 时级数收敛;**

(2)**当 $\rho>1$(或 $\lim_{n\to\infty}\frac{u_{n+1}}{u_n}=\infty$)时级数发散;**

(3)**当 $\rho=1$ 时，此法失效.**

证　(1)当 $\rho<1$，取一个适当小的正数 ε，使得 $\rho+\varepsilon=q<1$，根据极限定义，存在正整数 m，当 $n\geqslant m$ 时，都有

$$\frac{u_{n+1}}{u_n}<\rho+\varepsilon=q$$

因此

$$\begin{aligned}
u_{m+1} &< qu_m\\
u_{m+2} &< qu_{m+1}\leqslant q^2u_m\\
u_{m+3} &< qu_{m+2}\leqslant q^3u_m\\
&\vdots
\end{aligned}$$

这样，级数 $u_{m+1}+u_{m+2}+u_{m+3}+\cdots$的各项就小于收敛的等比级数

$$qu_m+q^2u_m+q^3u_m+\cdots$$

的对应项，所以也收敛. 再由定理2 比较审敛法的推论可知级数 $\sum_{n=1}^{\infty} u_n$ 收敛. 类似地可证明(2).

(3)当 $\rho=1$ 时，级数可能收敛也可能发散，比值法失效. 此时级数的敛散性应另作研究.

例9　判定下列级数的敛散性:

(1) $\sum_{n=1}^{\infty}\frac{10^n}{n!}$;　　　　(2) $\sum_{n=1}^{\infty}\frac{n^n}{n!}$;

(3) $\sum_{n=1}^{\infty}\frac{n+1}{n(n+2)}$.

解　(1)因为

$$\lim_{n\to\infty}\frac{u_{n+1}}{u_n}=\lim_{n\to\infty}\frac{\dfrac{10^{n+1}}{(n+1)!}}{\dfrac{10^n}{n!}}$$

$$=\lim_{n\to\infty}\frac{10}{n+1}=0<1$$

所以级数收敛.

(2)因为

$$\lim_{n\to\infty}\frac{u_{n+1}}{u_n}=\lim_{n\to\infty}\frac{\dfrac{(n+1)^{n+1}}{(n+1)!}}{\dfrac{n^n}{n!}}$$

$$=\lim_{n\to\infty}\frac{(n+1)^n}{n^n}$$

$$=\lim_{n\to\infty}(1+\frac{1}{n})^n$$

$$=\mathrm{e}>1$$

所以级数发散.

(3)因为

$$\lim_{n\to\infty}\frac{u_{n+1}}{u_n}=\lim_{n\to\infty}\frac{\dfrac{n+2}{(n+1)(n+3)}}{\dfrac{n+1}{n(n+2)}}$$

$$=\lim_{n\to\infty}\frac{n(n+1)^2}{(n+1)^2(n+3)}=1$$

故比值审敛法失效.

但由于

$$\frac{n+1}{n(n+2)}>\frac{1}{n+2}$$

而级数 $\sum_{n=1}^{\infty}\frac{1}{n+2}$ 只是由调和级数 $\sum_{n=1}^{\infty}\frac{1}{n}$ 去掉前面两项所得，所以 $\sum_{n=1}^{\infty}\frac{1}{n+2}$ 发散. 由比较审敛法知级数 $\sum_{n=1}^{\infty}\frac{n+1}{n(n+2)}$ 发散.

二、交错级数及其审敛法

如果在常数项级数中，它的各项是正负交错的，形如：

$$u_1-u_2+u_3-u_4+\cdots+(-1)^{n-1}u_n+\cdots \tag{2-3}$$

或

$$-u_1+u_2-u_3+u_4+\cdots+(-1)^n u_n+\cdots$$

其中，u_1，u_2，…都是正数，我们称这样的级数为交错级数.

现按级数(2-3)的形式给出交错级数的审敛法：

定理5(莱布尼茨审敛法) **若交错级数** $\sum_{n=1}^{\infty}(-1)^{n-1}u_n(u_n>0)$ **满足如**

下条件：

(1) $u_n \geqslant u_{n+1} (n=1, 2, \cdots)$，**即各项单调减；**

(2) $\lim\limits_{n\to\infty} u_n = 0$，

则级数 $\sum\limits_{n=1}^{\infty} (-1)^{n-1} u_n$ **收敛，且其和** $S \leqslant u_1$**，其余项** γ_n **的绝对值** $|\gamma_n| \leqslant u_{n+1}$.

证明前可按定理给出的条件先分析一下交错级数的部分和 S_n 有什么特点：

$$S_1 = u_1$$
$$S_2 = u_1 - u_2$$
$$S_3 = u_1 - u_2 + u_3$$
$$S_4 = u_1 - u_2 + u_3 - u_4$$
$$\vdots$$

它们交错地加一个正数，减一个正数，而且所加、减的正数单调减少而趋于零.

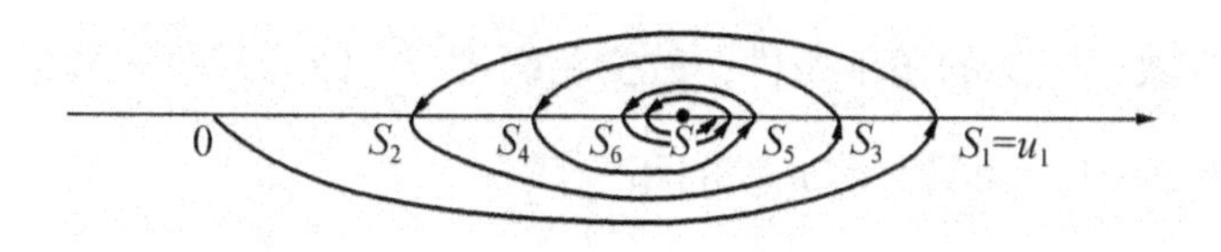

图 8－3

从图 8－3 看到，S_n 左右摆动是有规律的，且越来越趋于一个确定的常数 S. 这表明用级数的收敛性定义证明其收敛是可以尝试的.

证　先证 $\lim\limits_{n\to\infty} S_{2n}$ 存在. 因为

$$S_{2n} = (u_1 - u_2) + (u_3 - u_4) + \cdots + (u_{2n-1} - u_{2n})$$

由条件(1)知，括号内的差均为非负，所以数列 $\{S_{2n}\}$ 单调增. 再将 S_{2n} 改写为

$$S_{2n} = u_1 - [(u_2 - u_3) + (u_4 - u_5) + \cdots + (u_{2n-2} - u_{2n-1}) + u_{2n}]$$

同样由条件(1)知，圆括号内的差均为非负，所以 $S_{2n} \leqslant u_1$.

于是 $\{S_{2n}\}$ 是单调增且有上界的数列，它必有极限，设极限为 S，即

$$\lim_{n\to\infty} S_{2n} = S \leqslant u_1$$

再证明 $\lim\limits_{n\to\infty} S_{2n+1}$ 存在. 由于

$$S_{2n+1} = S_{2n} + u_{2n+1}$$

而 $\lim\limits_{n\to\infty} u_{2n+1} = 0$（见条件 2），因此

$$\lim_{n\to\infty} S_{2n+1} = \lim_{n\to\infty}(S_{2n} + u_{n+1}) = S$$

由于级数的偶数项之和与奇数项之和都趋向于同一极限，故级数(2-3)的部分和当 $n\to\infty$ 时具有极限 S.

最后证明 $|\gamma_n| \leqslant u_{n+1}$. 因余项可以写成 $\gamma_n = \pm(u_{n+1} - u_{n+2} + \cdots)$，其绝对值

$$|\gamma_n| = u_{n+1} - u_{n+2} + \cdots$$

此式的右端也是一个交错级数，它满足收敛的两个条件，故其和应小于它的首项，即 $|\gamma_n| \leqslant u_{n+1}$.

例 10 判定级数 $\sum_{n=1}^{\infty}(-1)^{n-1}\frac{1}{n}$ 的敛散性.

解 该级数是交错级数，因为

$$u_n = \frac{1}{n} > \frac{1}{n+1} = u_{n+1} \quad (n = 1,2,\cdots)$$

及

$$\lim_{n\to\infty} u_n = \lim_{n\to\infty}\frac{1}{n} = 0$$

满足交错级数审敛法的两个条件，故交错级数 $\sum_{n=1}^{\infty}(-1)^{n-1}\frac{1}{n}$ 收敛.

因其和 $S<1$，如果取前 n 项的和

$$S_n = 1 - \frac{1}{2} + \frac{1}{3} - \cdots + (-1)^{n-1}\frac{1}{n}$$

作为 S 的近似值，所产生的误差

$$|\gamma_n| \leqslant u_{n+1} = \frac{1}{n+1}$$

例 11 判定交错级数 $\sum_{n=1}^{\infty}(-1)^{n-1}\frac{n}{2^n}$ 的敛散性.

解 因为 $u_n = \frac{n}{2^n}$，$u_{n+1} = \frac{n+1}{2^{n+1}}$，而

$$\begin{aligned} u_n - u_{n+1} &= \frac{n}{2^n} - \frac{n+1}{2^{n+1}} \\ &= \frac{n-1}{2^{n+1}} \geqslant 0 \quad (n = 1,2,3,\cdots) \end{aligned}$$

所以 $u_n \geqslant u_{n+1}$ $(n=1, 2, 3, \cdots)$. 又因为

$$\lim_{n\to\infty} u_n = \lim_{n\to\infty}\frac{n}{2^n} = 0$$

因此，所给交错级数收敛.

三、绝对收敛与条件收敛

现在来讨论一般的常数项级数

$$\sum_{n=1}^{\infty} u_n = u_1 + u_2 + \cdots + u_n + \cdots \qquad (2-4)$$

其中 u_n 可以任意地取正数、负数或零．这样的级数称为任意项级数．

级数(2－4)的特征不像交错级数，它的部分和 S_n 是没有规律的．为了判断这类级数的敛散性，通常先对其各项取绝对值将其化为正项级数

$$\sum_{n=1}^{\infty} |u_n| = |u_1| + |u_2| + \cdots + |u_n| + \cdots \qquad (2-5)$$

通过讨论它的敛散性，再进一步研究任意项级数的敛散性．下面介绍级数(2－5)与级数(2－4)互相联系的定理：

定理6　若正项级数 $\sum_{n=1}^{\infty} |u_n|$ 收敛，则任意项级数 $\sum_{n=1}^{\infty} u_n$ 必收敛．

证　由于

$$0 \leqslant u_n + |u_n| \leqslant 2|u_n|$$

且级数 $\sum_{n=1}^{\infty} 2|u_n|$ 收敛，故由比较审敛法知 $\sum_{n=1}^{\infty} (u_n + |u_n|)$ 收敛．又

$$\sum_{n=1}^{\infty} u_n = \sum_{n=1}^{\infty} [(u_n + |u_n|) - |u_n|]$$

所以级数 $\sum_{n=1}^{\infty} u_n$ 收敛．

若级数 $\sum_{n=1}^{\infty} |u_n|$发散，我们不能断定级数$\sum_{n=1}^{\infty} u_n$ 也发散．但如果我们是用比值法判定出级数$\sum_{n=1}^{\infty} |u_n|$发散，则可以断定级数$\sum_{n=1}^{\infty} u_n$ 是发散的．这是因为 $\lim\limits_{n\to\infty}\left|\frac{u_{n+1}}{u_n}\right| = \rho > 1$，当 n 充分大时 $|u_{n+1}| > |u_n|$，从而 $|u_n| \nrightarrow 0$，$u_n \nrightarrow 0 (n \to \infty)$．

注意：定理6的逆命题不成立．如例10已证的交错级数 $\sum_{n=1}^{\infty} (-1)^{n-1}\frac{1}{n}$（它是任意项级数的特殊情况）收敛，但 $\sum_{n=1}^{\infty}\left|(-1)^{n-1}\frac{1}{n}\right| = \sum_{n=1}^{\infty}\frac{1}{n}$ 却发散．综上所述，我们把任意项级数的收敛情形分成两种，见如下定义．

定义　若级数 $\sum_{n=1}^{\infty} |u_n|$ 收敛，则称级数 $\sum_{n=1}^{\infty} u_n$ 绝对收敛；若级数 $\sum_{n=1}^{\infty} u_n$

收敛，而级数 $\sum\limits_{n=1}^{\infty}|u_n|$ 发散，则称级数 $\sum\limits_{n=1}^{\infty}u_n$ 条件收敛.

容易知道，级数 $\sum\limits_{n=1}^{\infty}(-1)^{n-1}\dfrac{1}{n^2}$ 绝对收敛，而级数 $\sum\limits_{n=1}^{\infty}(-1)^{n-1}\dfrac{1}{n}$ 条件收敛. 定理6说明，绝对收敛的级数必收敛.

例12 证明级数 $\sum\limits_{n=1}^{\infty}\dfrac{\sin n\alpha}{n^p}\ (p>1)$ 绝对收敛.

证 所给级数为任意项级数，因为

$$\left|\frac{\sin n\alpha}{n^p}\right|\leqslant\frac{1}{n^p}$$

而级数 $\sum\limits_{n=1}^{\infty}\dfrac{1}{n^p}(p>1)$ 收敛，所以 $\sum\limits_{n=1}^{\infty}\left|\dfrac{\sin n\alpha}{n^p}\right|$ 收敛，因此级数 $\sum\limits_{n=1}^{\infty}\dfrac{\sin n\alpha}{n^p}$ $(p>1)$ 绝对收敛.

习题8-2

1. 用比较审敛法或其极限形式判定下列级数的敛散性：

(1) $\dfrac{1}{3}+\dfrac{1}{5}+\dfrac{1}{7}+\dfrac{1}{9}+\cdots$；

(2) $\dfrac{1}{2}+\dfrac{1}{5}+\dfrac{1}{10}+\dfrac{1}{17}+\cdots$；

(3) $\sum\limits_{n=1}^{\infty}\dfrac{1}{n(n+1)(n+2)}$；

(4) $\sum\limits_{n=1}^{\infty}\dfrac{1}{\sqrt{n(n^2+1)}}$；

(5) $\sum\limits_{n=1}^{\infty}\ln\left(1+\dfrac{1}{n}\right)$；

(6) $\sum\limits_{n=1}^{\infty}\dfrac{1}{1+a^n}\quad(a>0)$.

2. 用比值审敛法判定下列级数的敛散性：

(1) $\dfrac{3}{1\cdot2}+\dfrac{3^2}{2\cdot2^2}+\dfrac{3^3}{3\cdot2^3}+\cdots+\dfrac{3^n}{n\cdot2^n}+\cdots$；

(2) $\dfrac{3}{4}+2\left(\dfrac{3}{4}\right)^2+3\left(\dfrac{3}{4}\right)^3+\cdots+n\left(\dfrac{3}{4}\right)^n+\cdots$；

(3) $\sum\limits_{n=1}^{\infty}\dfrac{n^2}{3^n}$；

(4) $\sum_{n=1}^{\infty} \frac{3^n n!}{n^n}$.

3. 判定下列交错级数的敛散性：

(1) $1-\frac{1}{2!}+\frac{1}{3!}-\frac{1}{4!}+\cdots$;

(2) $\sum_{n=1}^{\infty} \frac{(-1)^n}{\sqrt{n(n+1)}}$.

4. 判定下列级数是否收敛．如果是收敛的，是绝对收敛还是条件收敛？

(1) $2-\frac{3}{2}+\frac{4}{3}-\frac{5}{4}+\cdots+(-1)^{n-1}\frac{n+1}{n}+\cdots$;

(2) $\frac{1}{2}-\frac{1}{2\cdot 2^2}+\frac{1}{3\cdot 2^3}-\cdots+(-1)^{n-1}\frac{1}{n\cdot 2^n}+\cdots$;

(3) $\sum_{n=1}^{\infty}(-1)^{n-1}\frac{n}{3^{n-1}}$;

(4) $\sum_{n=1}^{\infty} \frac{(-1)^{n-1}}{\sqrt[3]{n^2}}$.

第三节　幂级数

前面两节讨论了常数项级数的敛散性概念、性质及审敛法．在这个基础上，下面介绍函数项级数，重点讨论通项为幂函数的级数，即幂级数．幂级数在理论和应用上都十分重要．

一、函数项级数的一般概念

设$\{u_n(x)\}$是定义在区间I上的函数列，表达式

$$\sum_{n=1}^{\infty} u_n(x) = u_1(x)+u_2(x)+\cdots+u_n(x)+\cdots \qquad (3-1)$$

称为定义在区间I上的函数项级数．

对于每一个确定的值$x_0 \in I$，函数项级数(3－1)就成为常数项级数

$$\sum_{n=1}^{\infty} u_n(x_0) = u_1(x_0)+u_2(x_0)+\cdots+u_n(x_0)+\cdots \qquad (3-2)$$

如果级数(3－2)收敛，就称x_0是函数项级数(3－1)的收敛点；如果级数(3－2)发散，就称x_0是函数项级数(3－1)的发散点．函数项级数(3－1)的收敛点的全体称为它的收敛域，发散点的全体称为它的发散域．

设级数(3-1)的收敛域为 D，则对应于任一 $x \in D$，级数(3-1)成为一个收敛的常数项级数，因而有确定的和 S. 这样，在收敛域 D 上，级数(3-1)的和是 x 的函数 $S(x)$. 通常称 $S(x)$ 为函数项级数(3-1)的和函数，它的定义域就是级数的收敛域 D，并记作

$$S(x)=\sum_{n=1}^{\infty}u_n(x) \quad (x \in D)$$

把函数项级数(3-1)的前 n 项的部分和记作 $S_n(x)$，则在收敛域 D 上有

$$\lim_{n\to\infty}S_n(x)=S(x)$$

在收敛域 D 上，$\gamma_n(x)=S(x)-S_n(x)$ 叫做函数项级数的余项. 显然

$$\lim_{n\to\infty}\gamma_n(x)=0$$

二、幂级数及其敛散性

形如

$$\sum_{n=0}^{\infty}a_n(x-x_0)^n=a_0+a_1(x-x_0)+a_2(x-x_0)^2+\cdots+a_n(x-x_0)^n+\cdots \tag{3-3}$$

的函数项级数称为 $x-x_0$ 的幂级数，简称幂级数，其中 x_0 是某个定数，a_0，a_1，a_2，…，a_n，…叫做幂级数的系数.

当 $x_0=0$ 时，幂级数(3-3)就成为

$$\sum_{n=0}^{\infty}a_nx^n=a_0+a_1x+a_2x^2+\cdots+a_nx^n+\cdots \tag{3-4}$$

称为 x 的幂级数.

因为只要作代换 $t=x-x_0$ 就可以把幂级数化成(3-4)的形式，所以取(3-4)式来讨论，不影响一般性.

现在我们来讨论：对于一个给定的幂级数，它的收敛域与发散域是怎样的？即 x 取数轴上哪些点对幂级数收敛，取哪些点对幂级数发散？

先看一个例子. 考察幂级数

$$\sum_{n=1}^{\infty}x^{n-1}=1+x+x^2+\cdots+x^n+\cdots \tag{3-5}$$

的收敛性.

幂级数(3-5)是以变量 x 为公比的等比级数，由第一节例3知道，当 $|x|<1$ 时，这个级数是收敛的，其和是 $\frac{1}{1-x}$；当 $|x|\geqslant 1$ 时，这个级数发散.

因此，这个幂级数的收敛域是开区间$(-1,1)$，发散域是$(-\infty, -1]$及$[1, +\infty)$，并有

$$\frac{1}{1-x}=1+x+x^2+\cdots+x^n+\cdots \quad (-1<x<1)$$

注意，这个幂级数的收敛域是一个区间．事实上，这个结论对于一般的幂级数也是成立的．有如下定理：

定理 1(阿贝尔定理)①　若幂级数 $\sum_{n=0}^{\infty} a_n x_0^n$ $(x_0 \neq 0)$ 收敛，则适合不等式 $|x|<|x_0|$ 的一切 x，使这个幂级数 $\sum_{n=0}^{\infty} a_n x^n$ 绝对收敛．反之，若幂级数 $\sum_{n=0}^{\infty} a_n x_0^n$ 发散，则适合不等式 $|x|>|x_0|$ 的一切 x，使这个幂级数 $\sum_{n=0}^{\infty} a_n x^n$ 发散．

证　(1)设点 x_0 是收敛点，即 $\sum_{n=0}^{\infty} a_n x_0^n$ 收敛．根据级数收敛的必要条件，有

$$\lim_{n\to\infty} a_n x_0^n = 0$$

于是存在一个常数 M，使得 $|a_n x_0^n| \leqslant M$ $(n=0,1,2,\cdots)$．取正项级数 $\sum_{n=0}^{\infty} |a_n x^n|$，由于 $x_0 \neq 0$，故

$$|a_n x^n| = \left| a_n x_0^n \cdot \frac{x^n}{x_0^n} \right| = |a_n x_0^n| \cdot \left| \frac{x}{x_0} \right|^n \leqslant M \left| \frac{x}{x_0} \right|^n$$

当 $|x|<|x_0|$ 时，等比级数 $\sum_{n=0}^{\infty} M \left| \frac{x}{x_0} \right|^n$（公比 $\left| \frac{x}{x_0} \right| < 1$）收敛，所以 $\sum_{n=0}^{\infty} |a_n x^n|$ 收敛，也就是级数 $\sum_{n=0}^{\infty} a_n x^n$ 绝对收敛．

(2)定理的第二部分可用反证法证明．设 $x=x_0$ 时发散，而另有一点 x_1 存在，它满足 $|x_1|>|x_0|$，使级数 $\sum_{n=0}^{\infty} a_n x_1^n$ 收敛，则根据(1)的结论，级数当 $x=x_0$ 时收敛．这与假设矛盾．定理得证．

阿贝尔定理揭示了幂级数收敛域的结构特征，由定理 1 可得到如下推论：

推论　如果幂级数 $\sum_{n=0}^{\infty} a_n x^n$ 不仅在 $x=0$ 处收敛，而且也在其他点处收

---

① 阿贝尔 N. H. Abel，1802—1829，挪威数学家．

敛，但又不是在整个数轴上都收敛，则有一个完全确定的正数 R，它具有这样的性质：

当 $|x|<R$ 时，幂级数 $\sum_{n=0}^{\infty} a_n x^n$ 绝对收敛；

当 $|x|>R$ 时，幂级数 $\sum_{n=0}^{\infty} a_n x^n$ 发散；

当 $x=R$ 与 $x=-R$ 时，幂级数 $\sum_{n=0}^{\infty} a_n x^n$ 可能收敛，也可能发散.

如图 8－4 所示.

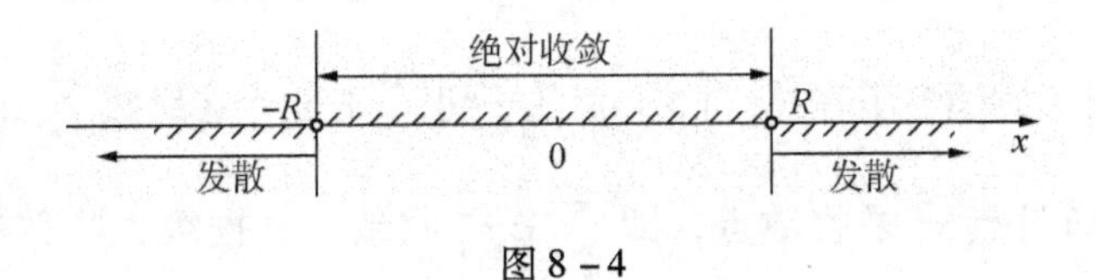

图 8－4

我们称上述正数 R 为幂级数 $\sum_{n=0}^{\infty} a_n x^n$ 的收敛半径，开区间 $(-R, R)$ 称为幂级数的收敛区间. 再由幂级数在 $x=\pm R$ 处的敛散性就可以确定它的收敛域是 $(-R, R)$，$[-R, R)$，$(-R, R]$ 或 $[-R, R]$ 这四个区间之一.

如果幂级数 $\sum_{n=0}^{\infty} a_n x^n$ 只在 $x=0$ 处收敛，这时收敛域只有一点 $x=0$，为方便起见，规定它的收敛半径 $R=0$；如果幂级数对一切 x 都收敛，则规定收敛半径 $R=+\infty$，这时收敛域是 $(-\infty, +\infty)$.

下面给出求幂级数的收敛半径 R 的方法.

定理 2　设幂级数 $\sum_{n=0}^{\infty} a_n x^n$. 如果有

$$\lim_{n\to\infty}\left|\frac{a_{n+1}}{a_n}\right|=\rho$$

(1) 当 $\rho\neq0$ 时，则 $R=\frac{1}{\rho}$；

(2) 当 $\rho=0$ 时，则 $R=+\infty$；

(3) 当 $\rho=+\infty$ 时，则 $R=0$.

例 1　求幂级数 $\sum_{n=1}^{\infty} \frac{x^n}{n^3}$ 的收敛半径.

解　因为 $a_n=\frac{1}{n^3}$，

$$\rho = \lim_{n\to\infty}\left|\frac{a_{n+1}}{a_n}\right|$$

$$= \lim_{n\to\infty}\frac{\frac{1}{(n+1)^3}}{\frac{1}{n^3}}$$

$$= \lim_{n\to\infty}\left(\frac{n}{n+1}\right)^3 = 1$$

所以幂级数 $\sum_{n=1}^{\infty}\frac{x^n}{n^3}$ 的收敛半径 $R=\frac{1}{\rho}=1$.

例2 求幂级数

$$x+\frac{x^2}{3!}+\frac{x^3}{5!}+\cdots+\frac{x^n}{(2n-1)!}+\cdots$$

的收敛域.

解 因为

$$\rho = \lim_{n\to\infty}\left|\frac{a_{n+1}}{a_n}\right|$$

$$= \lim_{n\to\infty}\frac{\frac{1}{(2(n+1)-1)!}}{\frac{1}{(2n-1)!}}$$

$$= \lim_{n\to\infty}\frac{(2n-1)!}{(2n+1)!}$$

$$= \lim_{n\to\infty}\frac{1}{2n(2n+1)} = 0$$

所以收敛半径 $R=+\infty$，从而收敛域为$(-\infty,+\infty)$.

例3 求幂级数 $\sum_{n=1}^{\infty}(-1)^{n-1}\frac{x^n}{\sqrt{n}}$ 的收敛域.

解 因为 $a_n=(-1)^{n-1}\frac{1}{\sqrt{n}}$,

$$\rho = \lim_{n\to\infty}\left|\frac{a_{n+1}}{a_n}\right|$$

$$= \lim_{n\to\infty}\frac{\frac{1}{\sqrt{n+1}}}{\frac{1}{\sqrt{n}}}$$

$$= \lim_{n\to\infty}\frac{\sqrt{n}}{\sqrt{n+1}} = 1$$

故级数 $\sum_{n=1}^{\infty}(-1)^{n-1}\frac{x^n}{\sqrt{n}}$ 的收敛半径 $R=\frac{1}{\rho}=1$.

当 $x=1$ 时，级数成为

$$1-\frac{1}{\sqrt{2}}+\frac{1}{\sqrt{3}}-\frac{1}{\sqrt{4}}+\cdots+(-1)^{n-1}\frac{1}{\sqrt{n}}+\cdots$$

它满足条件：$\frac{1}{\sqrt{n}}>\frac{1}{\sqrt{n+1}}$ 及 $\lim\limits_{n\to\infty}\frac{1}{\sqrt{n}}=0$，故该级数收敛；当 $x=-1$ 时，级数成为 $-1-\frac{1}{\sqrt{2}}-\frac{1}{\sqrt{3}}-\cdots-\frac{1}{\sqrt{n}}-\cdots$，即为 $-\sum_{n=1}^{\infty}\frac{1}{\sqrt{n}}$, $p=\frac{1}{2}<1$, 级数发散.

因此，幂级数 $\sum_{n=1}^{\infty}(-1)^{n-1}\frac{x^n}{\sqrt{n}}$ 的收敛域为 $(-1, 1]$.

例 4 求幂级数 $\sum_{n=0}^{\infty}(-1)^n\frac{x^{2n}}{2n+1}$ 的收敛域.

解 所给幂级数缺少奇次幂的项，定理 2 不能直接应用. 这时可用比值审敛法来求收敛半径. 设 $u_n=(-1)^n\frac{x^{2n}}{2n+1}$，则

$$\lim_{n\to\infty}\left|\frac{u_{n+1}}{u_n}\right|=\lim_{n\to\infty}\left|\frac{\frac{x^{2(n+1)}}{2(n+1)+1}}{\frac{x^{2n}}{2n+1}}\right|=|x|^2$$

当 $|x^2|<1$ 即 $|x|<1$ 时，级数收敛；当 $|x|>1$ 时级数发散. 所以收敛半径 $R=1$. 当 $|x|=\pm1$ 时，代入所给级数得 $\sum_{n=0}^{\infty}\frac{(-1)^n}{2n+1}$ 收敛，所以幂级数

$$\sum_{n=0}^{\infty}(-1)^n\frac{x^{2n}}{2n+1}$$

的收敛域为 $[-1, 1]$.

例 5 求幂级数 $\sum_{n=1}^{\infty}\frac{(x-1)^n}{2^n\cdot n}$ 的收敛区间.

解 令 $t=x-1$，所给级数变为 $\sum_{n=1}^{\infty}\frac{t^n}{2^n\cdot n}$. 因为

$$\rho=\lim_{n\to\infty}\left|\frac{a_{n+1}}{a_n}\right|$$

$$=\lim_{n\to\infty}\frac{2^n\cdot n}{2^{n+1}(n+1)}=\frac{1}{2}$$

所以收敛半径 $R=2$. 收敛区间为 $|t|<2$，即 $(-1, 3)$.

三、幂级数的运算性质

1. 幂级数的加法和减法

设幂级数 $\sum_{n=0}^{\infty} a_n x^n$ 与 $\sum_{n=0}^{\infty} b_n x^n$ 的收敛区间分别为 $(-R_1, R_1)$ 及 $(-R_2, R_2)$，其中 $R_1>0$，$R_2>0$，两个幂级数的和函数分别为 $S_1(x)$ 与 $S_2(x)$.

$$\begin{aligned}\sum_{n=0}^{\infty} a_n x^n \pm \sum_{n=0}^{\infty} b_n x^n &= \sum_{n=0}^{\infty} (a_n \pm b_n) x^n \\ &= S_1(x) \pm S_2(x)\end{aligned}$$

此时等式在 $(-R_1, R_1)$ 与 $(-R_2, R_2)$ 中较小的区间内成立.

2. 幂级数的乘法

可以仿照多项式的乘法规则，作出两个幂级数的乘积，即

$$\begin{aligned}\sum_{n=0}^{\infty} a_n x^n \cdot \sum_{n=0}^{\infty} b_n x^n &= a_0 b_0 + (a_0 b_1 + a_1 b_0) x + (a_0 b_2 + a_1 b_1 + a_2 b_0) x^2 \\ &\quad + \cdots + (a_0 b_n + a_1 b_{n-1} + \cdots + a_n b_0) x^n + \cdots \\ &= S_1(x) \cdot S_2(x)\end{aligned}$$

此时等式在 $(-R_1, R_2)$ 与 $(-R_2, R_2)$ 中较小的区间内成立.

四、幂级数的分析运算性质

关于幂级数的和函数的连续性、可导性、可积性以及幂级数怎样求导、求积分，有下列重要结论(证明从略).

设幂级数 $\sum_{n=0}^{\infty} a_n x^n = S(x)$ 的收敛半径为 $R(R>0)$，则在 $(-R, R)$ 内有：

(1)幂级数 $\sum_{n=0}^{\infty} a_n x^n$ 的和函数 $S(x)$ 是连续函数.

(2)幂级数可以逐项求导，即

$$\begin{aligned}S'(x) &= \left(\sum_{n=0}^{\infty} a_n x^n\right)' \\ &= \sum_{n=0}^{\infty} (a_n x^n)' \\ &= \sum_{n=1}^{\infty} n a_n x^{n-1}\end{aligned}$$

这里指出，反复应用结论(2)可得：

幂级数 $\sum_{n=0}^{\infty} a_n x^n$ 的和函数 $S(x)$ 在其收敛区间 $(-R,R)$ 内具有任意阶导数.

(3)幂级数可以逐项积分，即

$$\begin{aligned}\int_0^x S(x)\,\mathrm{d}x &= \int_0^x \left(\sum_{n=0}^{\infty} a_n x^n\right)\mathrm{d}x \\ &= \sum_{n=0}^{\infty}\int_0^x a_n x^n \mathrm{d}x \\ &= \sum_{n=0}^{\infty} \frac{a_n}{n+1} x^{n+1}\end{aligned}$$

逐项求导和逐项积分所得的幂级数与原幂级数有相同的收敛半径，但收敛区间端点 $(x=\pm R)$ 处的敛散性可能改变.

例如，已知

$$\frac{1}{1-x} = 1 + x + x^2 + \cdots + x^n + \cdots \quad (-1 < x < 1)$$

利用上面结论(2)，逐项求导得

$$\frac{1}{(1-x)^2} = 1 + 2x + \cdots + nx^{n-1} + \cdots \quad (-1 < x < 1)$$

利用结论(3)，从0到 x 逐项积分，得

$$-\ln(1-x) = x + \frac{x^2}{2} + \frac{x^3}{3} + \cdots + \frac{x^{n+1}}{n+1} + \cdots \quad (-1 \leqslant x < 1)$$

注意，上式在 $x=-1$ 处也是成立的. 这是因为，由第二节的莱布尼茨定理5可知，当 $x=-1$ 时，上式右端是一个收敛的交错级数.

利用幂级数逐项求导或逐项积分运算，可以求出一些简单幂级数的和函数.

例6 求幂级数 $\sum_{n=1}^{\infty} \frac{x^n}{n}$ 的和函数.

解 易知该幂级数的收敛半径 $R=1$. 设和函数

$$S(x) = \sum_{n=1}^{\infty} \frac{x^n}{n}$$

在 $(-1,1)$ 内逐项求导，得

$$\begin{aligned}S'(x) &= \left(\sum_{n=1}^{\infty} \frac{x^n}{n}\right)' \\ &= \sum_{n=1}^{\infty} \left(\frac{x^n}{n}\right)' \\ &= \sum_{n=1}^{\infty} x^{n-1} \\ &= \frac{1}{1-x}\end{aligned}$$

再从0到x积分，得

$$S(x)-S(0)=\int_0^x S'(x)\mathrm{d}x=\int_0^x\frac{1}{1-x}\mathrm{d}x=-\ln(1-x)$$

又$S(0)=0$，故所求和函数$S(x)=-\ln(1-x)$，即

$$\sum_{n=1}^{\infty}\frac{x^n}{n}=-\ln(1-x)\quad(-1\leqslant x<1)$$

习题 8－3

1. 求下列幂级数的收敛半径和收敛域：

(1) $1+x+\frac{1}{2!}x^2+\cdots+\frac{1}{n!}x^n+\cdots$；

(2) $x-\frac{x^2}{2}+\frac{x^3}{3}-\cdots+(-1)^{n-1}\frac{x^n}{n}+\cdots$.

2. 求下列幂级数的收敛半径和收敛域：

(1) $\sum\limits_{n=0}^{\infty}(2n-1)x^n$；

(2) $\sum\limits_{n=0}^{\infty}\frac{x^n}{(2n)!}$；

(3) $\frac{1}{2}+\frac{x}{2^2}+\frac{x^2}{2^3}+\frac{x^3}{2^4}+\cdots+\frac{x^{n-1}}{2^n}+\cdots$；

(4) $\sum\limits_{n=1}^{\infty}\frac{x^{n-1}}{n\cdot 3^{n-1}}$.

3. 求下列幂级数的收敛域：

(1) $\sum\limits_{n=0}^{\infty}\frac{x^n}{\sqrt{n^3+1}}$；　　(2) $\sum\limits_{n=1}^{\infty}(-1)^n\frac{x^{2n+1}}{2n+1}$；

(3) $\sum\limits_{n=1}^{\infty}\frac{(x-5)^n}{\sqrt{n}}$.

4. 求下列幂函数的和函数：

(1) $\sum\limits_{n=1}^{\infty}nx^{n-1}$；　　(2) $\sum\limits_{n=0}^{\infty}(-1)^n\frac{x^{2n+1}}{2n+1}$.

第四节 函数展开成幂级数

由于幂级数在收敛区间内确定了一个和函数，因此人们就可能利用幂级数来表示函数．对于给定的函数$f(x)$，当它满足什么条件时，能用幂级数表示？这样的幂级数如果存在，其形式是怎样的？这些就是本节要讨论的问题．

由于上述问题是由英国数学家泰勒(B. Taylor，1685—1731)发现，所以这里先给出与他有关的定理．

一、泰勒中值定理

幂级数实际上可以视为是多项式的延伸，因此在考虑用幂级数表示函数，也即所谓将函数展开成幂级数时，可以从函数$f(x)$与多项式的关系入手来解决这个问题．为此，这里先给出泰勒中值定理：

定理1 如果函数$f(x)$在x_0的某邻域内具有直到$n+1$阶的导数，则对此邻域内任一点x，有

$$f(x)=f(x_0)+f'(x_0)(x-x_0)+\frac{f''(x_0)}{2!}(x-x_0)^2+\cdots+\frac{f^{(n)}(x_0)}{n!}(x-x_0)^n+R_n(x) \quad (4-1)$$

其中

$$R_n(x)=\frac{f^{(n+1)}(\xi)}{(n+1)!}(x-x_0)^{n+1}$$

这里ξ是x_0与x之间的某个值．

此定理可利用柯西中值定理证明．式(4－1)称为$f(x)$的泰勒公式，$R_n(x)$叫做拉格朗日型余项．

这时，$f(x)$可以用n次泰勒多项式

$$P_n(x)=f(x_0)+f'(x_0)(x-x_0)+\frac{f''(x_0)}{2!}(x-x_0)^2+\cdots+\frac{f^{(n)}(x_0)}{n!}(x-x_0)^n \quad (4-2)$$

来近似表达，并且误差等于$|R_n(x)|$．显然，如果$|R_n(x)|$随着n的增大而减小，那么就可通过增加多项式(4－2)的项数的办法来提高精确度．如果

让 n 无限制地增大，那么这时 n 次泰勒多项式就成为一个幂级数了.

二、泰勒级数

下面来讨论，在什么条件下，这个幂级数收敛于 $f(x)$.

设 $f(x)$ 在点 $x=x_0$ 的某个邻域内具有各阶导数 $f'(x)$，$f''(x)$，…，$f^{(n)}(x)$，…. 则下列级数

$$f(x_0)+f'(x_0)(x-x_0)+\frac{f''(x_0)}{2!}(x-x_0)^2+\cdots+\frac{f^{(n)}(x_0)}{n!}(x-x_0)^n+\cdots \tag{4-3}$$

称为 $f(x)$ 在 x_0 处的泰勒级数.

比较式(4－2)和式(4－3)可知，$f(x)$ 的 n 次泰勒多项式 $P_n(x)$ 就是 $f(x)$ 的泰勒级数(4－3)式的前 $n+1$ 项的部分和 $S_{n+1}(x)$. 由式(4－1)可知

$$f(x)-S_{n+1}(x)=R_n(x) \tag{4-4}$$

因此，在所讨论邻域内，如果余项 $R_n(x)$ 的极限为零，即

$$\lim_{n\to\infty}R_n(x)=0$$

那么

$$\lim_{n\to\infty}[f(x)-S_{n+1}(x)]=\lim_{n\to\infty}R_n(x)=0$$

即

$$\lim_{n\to\infty}S_{n+1}(x)=f(x)$$

这表明级数(4－3)收敛，且以 $f(x)$ 为和函数. 即下式成立：

$$f(x)=f(x_0)+f'(x_0)(x-x_0)+\frac{f''(x_0)}{2!}(x-x_0)^2+\cdots+\frac{f^{(n)}(x_0)}{n!}(x-x_0)^n+\cdots \tag{4-5}$$

并把式(4－5)称为函数 $f(x)$ 在 x_0 处的泰勒展开式.

反之，若式(4－5)成立，即泰勒级数(4－3)收敛于 $f(x)$，则有

$$\lim_{n\to\infty}R_n(x)=\lim_{n\to\infty}[f(x)-S_{n+1}(x)]=f(x)-f(x)=0$$

综上所述，得到如下的定理：

定理 2　设函数 $f(x)$ 在点 x_0 的某邻域内具有任意阶导数，则 $f(x)$ 在该邻域内可展开成泰勒级数的充分必要条件是：$f(x)$ 的泰勒公式的余项 $R_n(x)$ 当 $n\to\infty$ 时的极限为零，即

$$\lim_{n\to\infty}R_n(x)=0$$

还须指出：函数$f(x)$在x_0处的泰勒展开式(4-5)是唯一的．这就是说，若$f(x)$在x_0的某个邻域内能够展开成$x-x_0$的幂级数，即

$$f(x)=a_0+a_1(x-x_0)+a_2(x-x_0)^2+\cdots+a_n(x-x_0)^n+\cdots \quad (4-6)$$

那么这个幂级数与展开式(4-5)是一致的．

事实上，因为幂级数(4-6)在收敛区间内可以逐项求导，所以有

$$f'(x)=a_1+2a_2(x-x_0)+3a_3(x-x_0)^2+\cdots+na_n(x-x_0)^{n-1}+\cdots$$

$$f''(x)=2!a_2+3\cdot 2a_3(x-x_0)+\cdots+n(n-1)a_n(x-x_0)^{n-2}+\cdots$$

$$f'''(x)=3!a_3+\cdots+n(n-1)(n-2)a_n(x-x_0)^{n-3}+\cdots$$

$$\vdots$$

$$f^{(n)}(x)=n!a_n+(n+1)n(n-1)\cdot\cdots\cdot 2a_{n+1}(x-x_0)+\cdots$$

$$\vdots$$

把$x=x_0$代入以上各式，得

$$a_0=f(x_0)$$

$$a_1=f'(x_0)$$

$$a_2=\frac{f''(x_0)}{2!}$$

$$\vdots$$

$$a_n=\frac{f^{(n)}(x_0)}{n!}$$

$$\vdots$$

这就是所要证明的．

特别，当$x_0=0$时，式(4-5)成为下列重要的形式：

$$f(x)=f(0)+f'(0)x+\frac{f''(0)}{2!}x^2+\cdots+\frac{f^{(n)}(0)}{n!}x^n+\cdots \quad (4-7)$$

其中余项

$$R_n(x)=\frac{f^{(n+1)}(\xi)}{(n+1)!}x^{n+1} \quad (\xi\text{在}0\text{与}x\text{之间}) \quad (4-8)$$

式(4-7)叫做函数$f(x)$的麦克劳林(C. Maclaurin，1698—1746)展开式，也叫函数$f(x)$展开成麦克劳林级数．它在近似计算和一些数学问题中非常有用．

三、函数展开成幂级数

1. 直接展开法

上述讨论给我们提供了把已知函数 $f(x)$ 展开成 x 的幂级数（也称为麦克劳林展开式）的基本方法，其一般步骤如下：

① 求出 $f(x)$ 在 $x=0$ 处的函数值 $f(0)$ 及各阶导函数值 $f^{(n)}(0)$；

② 求出 $f(x)$ 的麦克劳林级数

$$f(0)+f'(0)+\frac{f''(0)}{2!}x^2+\cdots+\frac{f^{(n)}(0)}{n!}x^n+\cdots$$

的收敛半径 R；

③ 考察余项 $R_n(x)$ 的极限

$$\lim_{n\to\infty}R_n(x)=\lim_{n\to\infty}\frac{f^{n+1}(\xi)}{(n+1)!}x^{n+1}$$

是否趋于0，其中 $x\in(-R,\ R)$，ξ 在0与 x 之间．如果 $\lim\limits_{n\to\infty}R_n(x)=0$，则 $f(x)$ 可展开成 x 的幂级数，即

$$f(x)=f(0)+f'(0)x+\frac{f''(0)}{2!}x^2+\cdots+\frac{f^{(n)}(0)}{n!}x^n+\cdots\quad(-R<x<R)$$

例1　将函数 $f(x)=\mathrm{e}^x$ 展开成 x 的幂级数．

解　所给函数的各阶导数为 $f^{(n)}(x)=\mathrm{e}^x\ (n=1,2,\cdots)$，因此 $f^{(n)}(0)=1\ (n=0,1,2,\cdots)$，（这里记号 $f^{(0)}(0)$ 表示 $f(0)$）．于是得级数

$$1+x+\frac{x^2}{2!}+\cdots+\frac{x^n}{n!}+\cdots$$

它的收敛半径 $R=+\infty$．

对于任何有限的数 x，$\xi(0<\xi<x)$，余项的绝对值为

$$|R_n(x)|=\left|\frac{\mathrm{e}^{\xi}}{(n+1)!}\mathrm{e}^{n+1}\right|<\mathrm{e}^{|x|}\cdot\frac{|x|^{n+1}}{(n+1)!}$$

因 $\mathrm{e}^{|x|}$ 有限，而 $\frac{|x|^{n+1}}{(n+1)!}$ 是收敛级数 $\sum\limits_{n=0}^{\infty}\frac{|x|^{n+1}}{(n+1)!}$ 的一般项，所以当 $n\to\infty$ 时，$\mathrm{e}^{|x|}\cdot\frac{|x|^{n+1}}{(n+1)!}\to 0$，即当 $n\to\infty$ 时，有 $|R_n(x)|\to 0$. 于是得展开式

$$\mathrm{e}^x=1+x+\frac{x^2}{2!}+\cdots+\frac{x^n}{n!}+\cdots\quad(-\infty<x<+\infty)\qquad(4-9)$$

如果在 $x=0$ 处附近，用级数的部分和(即多项式)来近似代替 e^x，那么随着项数的增加，它们就越来越接近于 e^x，如图 8－5 所示．

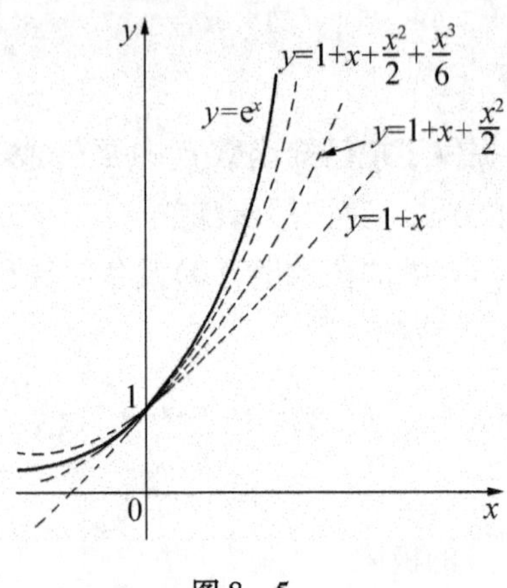

图 8－5

例 2　将函数 $f(x)=\sin x$ 展开成 x 的幂级数．

解　所给函数的各阶导数为

$$f^{n}(x)=\sin\left(x+n\cdot\frac{\pi}{2}\right)\quad(n=0,1,2,\cdots)$$

则有 $f(0)=0$，$f'(0)=1$，$f''(0)=0$，$f'''(0)=-1$，…，顺次循环地取 0，1，0，－1，…($n=0,1,2,\cdots$)．于是得级数

$$x-\frac{x^{3}}{3!}+\frac{x^{5}}{5!}-\cdots+(-1)^{n}\frac{x^{2n+1}}{(2n+1)!}+\cdots$$

它的收敛半径 $R=+\infty$．

对于任何有限的数 x，ξ(ξ 在 0 与 x 之间)，当 $n\to\infty$ 时，余项的绝对值的极限为零：

$$|R_{n}(x)|=\left|\frac{\sin\left[\xi+\frac{(n+1)\pi}{2}\right]}{(n+1)!}x^{n+1}\right|\leqslant\frac{|x|^{n+1}}{(n+1)!}\to 0\quad(n\to\infty)$$

因此得展开式

$$\sin x=x-\frac{x^{3}}{3!}+\frac{x^{5}}{5!}-\cdots+(-1)^{k}\frac{x^{2k+1}}{(2k+1)!}+\cdots\qquad(4-10)$$

利用直接展开法还可得函数 $(1+x)^m$ 展开成 x 的幂级数，其中 m 为任意实数：

$$(1+x)^{m}=1+mx+\frac{m(m-1)}{2!}x^{2}+\cdots+\frac{m(m-1)(m-2)\cdots(m-n+1)}{n!}x^{n}+\cdots\qquad(4-11)$$

级数(4－11)相邻两项的系数之比的绝对值

$$\left|\frac{a_{n+1}}{a_n}\right| = \left|\frac{m-n}{n+1}\right| \to 1 \quad (n\to\infty)$$

因此，对于任何实数 m 级数在开区间(－1，1)内收敛．在区间的端点，展开式是否成立要看 m 的数值而定．

公式(4－11)叫做二项展开式．特殊地，当 m 为正整数时，级数为 x 的 m 次多项式，这就是代数学中的二项式定理．

2. 间接展开法

直接展开法的计算量大，而且需要考察余项 $R_n(x)$ 是否趋于零，即使在初等函数范围内展开也非易事．下面介绍间接展开法，就是利用一些已知的函数展开式，通过幂级数的运算(如四则运算、逐项求导、逐项积分)以及变量代换等，将所给函数展开成幂级数．这样做不但计算简单，而且可以避免研究余项．

例3　将函数 $\cos x$ 展开成 x 的幂级数．

解　本例与例2相仿，当然可以用直接展开法，但如果用间接展开法，则比较简便．事实上，对展开式(4－10)逐项求导就得

$$\cos x = 1-\frac{x^2}{2!}+\frac{x^4}{4!}-\cdots+(-1)^n\frac{x^{2n}}{(2n)!}+\cdots \quad (-\infty<x<+\infty) \tag{4-12}$$

例4　将函数 $\ln(1+x)$ 展开成 x 的幂级数．

解　因为 $[\ln(1+x)]'=\frac{1}{1+x}$，而

$$\frac{1}{1+x}=1-x+x^2-x^3+\cdots+(-1)^nx^n+\cdots \quad (-1<x<1)$$

所以将上式从0到 x 逐项积分，得

$$\ln(1+x)=x-\frac{x^2}{2}+\frac{x^3}{3}-\frac{x^4}{4}+\cdots+(-1)^n\frac{x^{n+1}}{n+1}+\cdots \quad (-1<x\leqslant 1). \tag{4-13}$$

由于展开式(4－13)右端的级数在 $x=1$ 处是收敛的，而左端函数 $\ln(1+x)$ 在 $x=1$ 处连续．因此展开式(4－13)对于 $x=1$ 也成立．于是有

$$\ln 2 = 1-\frac{1}{2}+\frac{1}{3}-\frac{1}{4}+\cdots+\frac{(-1)^n}{n+1}+\cdots$$

最后，举一个将函数展开成 $x-x_0$ 的幂级数的例子．

例 5 将函数 $f(x)=\frac{1}{4-x}$ 展开成 $x+2$ 的幂级数.

解

$$f(x)=\frac{1}{4-x}=\frac{1}{6-(x+2)}=\frac{1}{6}\cdot\frac{1}{1-\left(\frac{x+2}{6}\right)}$$

由

$$\frac{1}{1-x}=\sum_{n=0}^{\infty}x^n\quad(|x|<1)$$

得

$$\frac{1}{4-x}=\frac{1}{6}\cdot\sum_{n=0}^{\infty}\left(\frac{x+2}{6}\right)^n=\sum_{n=0}^{\infty}\frac{1}{6^{n+1}}(x+2)^n$$

因此 $-1<\frac{x+2}{6}<1$，即 $-8<x<4$.

$$\frac{1}{4-x}=\sum_{n=0}^{\infty}\frac{1}{6^{n+1}}(x+2)^n\quad(-8<x<4)$$

前面已经求得的幂级数展开式有

$$e^x=\sum_{n=0}^{\infty}\frac{x^n}{n!}\quad(-\infty<x<+\infty)$$

$$\sin x=\sum_{n=0}^{\infty}(-1)^n\frac{x^{2n+1}}{(2n+1)!}\quad(-\infty<x<+\infty)$$

$$\frac{1}{1-x}=\sum_{n=0}^{\infty}x^n\quad(-1<x<1)$$

利用这三个展开式可以求得许多函数的级数展开式. 例如

$$\frac{1}{1+x}=\sum_{n=0}^{\infty}(-1)^n x^n\quad(-1<x<1)$$

$$\cos x=\sum_{n=0}^{\infty}(-1)^n\frac{x^{2n}}{(2n)!}\quad(-\infty<x<+\infty)$$

$$\ln(1+x)=\sum_{n=0}^{\infty}(-1)^n\frac{x^{n+1}}{n+1}=\sum_{n=1}^{\infty}(-1)^{n-1}\frac{x^n}{n}\quad(-1<x\leqslant 1)$$

$$\vdots$$

以上几个幂级数展开式是最常用的，记住前三个，后几个也就掌握了.

四、幂级数在近似计算中的应用

有了函数的幂级数展开式，就可以用它来进行近似计算，即在展开式成立的区间上按照精确度要求选取级数的前若干项的部分和把函数值近似地计算出来．

例6　计算$\sqrt[5]{240}$的近似值，要求误差不超过0.0001.

解　因为

$$(1+x)^m=1+mx+\frac{m(m-1)}{2!}x^2+\cdots+\frac{m(m-1)(m-2)\cdots(m-n+1)}{n!}x^n+\cdots\quad(|x|<1)$$

$$\sqrt[5]{240}=\sqrt[5]{243-3}=3\left(1-\frac{1}{3^4}\right)^{\frac{1}{5}}$$

所以在二项展开式中取$m=\frac{1}{5}$，$x=-\frac{1}{3^4}$，即得

$$\sqrt[5]{240}=3\left(1-\frac{1}{5}\cdot\frac{1}{3^4}-\frac{1\cdot 4}{5^2\cdot 2!}\cdot\frac{1}{3^8}-\frac{1\cdot 4\cdot 9}{5^3\cdot 3!}\cdot\frac{1}{3^{12}}-\cdots\right)$$

这个级数收敛很快．试取前两项的和作为$\sqrt[5]{240}$的近似值，其误差(也叫做截断误差)为

$$\begin{aligned}|\gamma_2|&=3\left(\frac{1\cdot 4}{5^2\cdot 2!}\cdot\frac{1}{3^8}+\frac{1\cdot 4\cdot 9}{5^3\cdot 3!}\cdot\frac{1}{3^{12}}+\frac{1\cdot 4\cdot 9\cdot 14}{5^4\cdot 4!}\cdot\frac{1}{3^{16}}+\cdots\right)\\&<3\cdot\frac{1\cdot 4}{5^2\cdot 2!}\cdot\frac{1}{3^8}\left[1+\frac{1}{81}+\left(\frac{1}{81}\right)^2+\cdots\right]\\&=\frac{6}{25}\cdot\frac{1}{3^8}\cdot\frac{1}{1-\frac{1}{81}}\\&=\frac{1}{25\cdot 27\cdot 40}<\frac{1}{20000}<10^{-4}\end{aligned}$$

于是取近似式为

$$\sqrt[5]{240}\approx 3\left(1-\frac{1}{5}\cdot\frac{1}{3^4}\right)$$

为了使“四舍五入”引起的误差(叫做舍入误差)与截断误差之和不超过10^{-4}，计算时应取五位小数，再四舍五入，这样最后得

$$\sqrt[5]{240}\approx 3(1-0.00247)\approx 2.99259\approx 2.9926$$

例7 计算 sin9°的近似值，使其误差不超过10^{-5}.

解 误差不超过10^{-5}，也就是指近似值精确到小数点后第五位．现将9°化为弧度值$\frac{\pi}{180}\times 9=\frac{\pi}{20}$，代入 $\sin x$ 的幂级数展开式（本节公式（4－10）），得

$$\sin\frac{\pi}{20}=\frac{\pi}{20}-\frac{1}{3!}\left(\frac{\pi}{20}\right)^3+\frac{1}{5!}\left(\frac{\pi}{20}\right)^5-\cdots$$

这是一个满足莱布尼茨定理条件的交错级数，因此它的截断误差$|\gamma_n|\leqslant u_{n+1}$．于是用截断误差估计近似计算所要取的项数 n 时，只要将 u_1，u_2，…逐项地计算，直到算出的第 $n+1$ 项值小于10^{-5}时，就可以确定应取的项数 n. 根据中间运算多保留一位小数的原则，具体计算如下：

$$\frac{\pi}{20}\approx 0.157\,080$$

$$\frac{1}{3!}\left(\frac{\pi}{20}\right)^3\approx 0.000\,646$$

$$\frac{1}{5!}\left(\frac{\pi}{20}\right)^5\approx 0.000\,001<0.000\,01$$

注意到第三项的值已远比要求的误差小，因此可取 $n=2$，从而得到

$$\begin{aligned}\sin\frac{\pi}{20}&\approx\frac{\pi}{20}-\frac{1}{3!}\left(\frac{\pi}{20}\right)^3\\&\approx 0.157\,080-0.000\,646\\&\approx 0.156\,43\end{aligned}$$

这时误差不超过10^{-5}.

利用幂级数不仅可计算一些函数的近似值，而且可计算一些定积分的近似值．具体地说，如果被积函数在积分区间上能展开成幂级数，则把这个幂级数逐项积分，利用积分后所得的级数就可算出定积分的近似值．

例8 计算积分

$$\int_0^1\frac{\sin x}{x}\mathrm{d}x$$

的近似值，要求误差不超过0.0001.

解 由于$\lim\limits_{x\to 0}\frac{\sin x}{x}=1$，如果定义被积函数在 $x=0$ 处的值为1，则函数在区间[0，1]上连续．

展开被积函数，有

$$\frac{\sin x}{x}=1-\frac{x^2}{3!}+\frac{x^4}{5!}-\frac{x^6}{7!}+\cdots\quad(-\infty<x<+\infty)$$

在区间[0，1]逐项积分，得

$$\int_0^1 \frac{\sin x}{x}\mathrm{d}x = 1 - \frac{1}{3\cdot 3!} + \frac{1}{5\cdot 5!} - \frac{1}{7\cdot 7!} + \cdots$$

根据交错级数的误差估计，如果取前三项之和作为近似值，就已经达到精确度要求，误差不超过

$$\frac{1}{7\cdot 7!} = \frac{1}{35\,280} < \frac{1}{30\,000} < 10^{-4}$$

取五位小数进行计算，得

$$\begin{aligned}\int_0^1 \frac{\sin x}{x}\mathrm{d}x &\approx 1 - \frac{1}{3\cdot 3!} + \frac{1}{5\cdot 5!}\\ &\approx 1 - 0.055\,56 + 0.001\,67\\ &\approx 0.946\,1\end{aligned}$$

习题 8－4

1. 用间接法将下列函数展开成 x 的幂级数，并指出展开式成立的区域：

(1) e^{-x}；　　(2) e^{x^2}；

(3) a^x；　　(4) $\frac{1}{1+x^2}$.

2. 将函数 $f(x)=\ln(a+x)\,(a>0)$ 展开成 x 的幂级数，并求展开式成立的区域．

3. 将函数 $f(x)=xe^{x^2}$ 展开成 x 的幂级数．

4. 将函数 $f(x)=\frac{1}{x}$ 展开成 $x-3$ 的幂级数．

5. 计算 $\sin 18°$ 的近似值，要求误差不超过 10^{-4}.

第八章复习题

一、填空题

1. 对级数 $\sum\limits_{n=1}^{\infty} u_n, \lim\limits_{n\to\infty} u_n = 0$ 是它收敛的________条件，不是它收敛的________条件.

2. 幂级数 $\sum\limits_{n=0}^{\infty} \dfrac{(-1)^n}{2^n} x^n$（$|x| < 2$）的公比 $q =$________.

3. 幂级数 $\sum\limits_{n=1}^{\infty} \dfrac{x^n}{n!}$（$-\infty < x < +\infty$）的和函数 $S(x) =$________.

4. 将函数 $\dfrac{1}{3-x}$ 展开成 x 的幂级数为________.

5. 幂级数 $\sum\limits_{n=1}^{\infty} \dfrac{n}{2^n} x^{2n}$ 的收敛半径 $R =$________.

二、选择题

1. 级数 $\sum\limits_{n=1}^{\infty} \dfrac{1}{3^n}$ 的和 $S =$ （　　）

A. 1　　B. $\dfrac{1}{2}$　　C. $\dfrac{2}{3}$　　D. 3

2. 下列级数中收敛的是 （　　）

A. $\dfrac{1}{2}+\dfrac{2}{3}+\dfrac{3}{4}+\dfrac{4}{5}+\cdots$　　B. $1+\dfrac{1}{3}+\dfrac{1}{5}+\dfrac{1}{7}+\cdots$

C. $\dfrac{1}{3}+\dfrac{1}{6}+\dfrac{1}{9}+\dfrac{1}{12}+\cdots$　　D. $1+\dfrac{1}{2!}+\dfrac{1}{3!}+\dfrac{1}{4!}+\cdots$

3. 级数 $1+\left(\dfrac{1}{2}\right)^2+\left(\dfrac{1}{3}\right)^2+\cdots+\left(\dfrac{1}{n}\right)^2+\cdots$ 是 （　　）

A. 幂级数　　B. p 级数

C. 等比级数　　D. 调和级数

4. 下列级数中为条件收敛的级数是 （　　）

A. $\sum\limits_{n=1}^{\infty}(-1)^n \dfrac{n}{n+1}$　　B. $\sum\limits_{n=1}^{\infty}(-1)^n \sqrt{n}$

C. $\sum\limits_{n=1}^{\infty}(-1)^n \dfrac{1}{\sqrt{n}}$　　D. $\sum\limits_{n=1}^{\infty}(-1)^n \dfrac{1}{n^2}$

5. 若 $\lim\limits_{n\to\infty} u_n = a$，则级数 $\sum\limits_{n=1}^{\infty}(u_n - u_{n+1})$ （　　）

A. 一定发散　　　　B. 可能收敛也可能发散

C. 必收敛于0　　　　D. 必收敛于 $u_1 - a$

三、计算题

1. 判定级数 $\sum_{n=1}^{\infty} \frac{3^n}{n \cdot 4^n}$ 的敛散性.

2. 判定级数 $\sum_{n=1}^{\infty} \frac{n}{n+10}$ 的敛散性.

3. 判定级数 $\sum_{n=1}^{\infty} \frac{2+(-1)^{n-1}}{3^n}$ 的敛散性. 若收敛，求其和.

4. 判定级数 $\sum_{n=1}^{\infty} \left(\frac{n}{2n+1}\right)^n$ 的敛散性.

5. 求幂级数 $\sum_{n=0}^{\infty} n!x^n$ 的收敛域.

四、综合题

1. 判定级数 $\sum_{n=1}^{\infty} \frac{2+(-1)^n}{2^n}$ 的敛散性.

2. 判定级数 $\sum_{n=1}^{\infty} \frac{n!}{2^n+1}$ 的敛散性.

3. 将函数 $f(x) = \frac{1}{(1+x)^2}$ 展开成 x 的幂级数.

4. 利用逐项求导或逐项积分求幂级数 $\sum_{n=0}^{\infty} (n+1)x^n$ 的和函数.

5. 证明级数

$$1 + \frac{1}{1} + \frac{1}{1 \cdot 2} + \frac{1}{1 \cdot 2 \cdot 3} + \cdots + \frac{1}{(n-1)!} + \cdots$$

是收敛的，并估计以级数的部分和 S_n 近似代替和 S 所产生的误差.

期末测验 A

一、填空题(本大题5小题，每小题3分，共15分)

1. $\frac{\mathrm{d}}{\mathrm{d}x}\left(\int_{1}^{2}\ln t\mathrm{d}t\right) =$ ________.

2. 定积分 $\int_{1}^{2}\frac{1}{x}\mathrm{d}x =$ ________.

3. 幂级数 $\sum_{n=0}^{\infty}\frac{x^{n}}{n!}$ 的收敛半径 $R =$ ________.

4. 设二元函数 $z = x^{y}$，则 $\frac{\partial z}{\partial x} =$ ________.

5. 定积分 $\int_{0}^{1}\sqrt{1-x^{2}}\mathrm{d}x =$ ________.

二、单选题(本大题共5小题，每小题3分，共15分)

1. 幂级数 $\sum_{n=0}^{\infty}\frac{x^{n}}{n^{2}}$ 的收敛区间为 (　　)

A. $(-1, 1)$　　B. $(-1, 1]$　　C. $[-1, 1)$　　D. $[-1, 1]$

2. 下列级数收敛的是 (　　)

A. $\sum_{n=1}^{\infty}\frac{1}{n}$　　B. $\sum_{n=1}^{\infty}\frac{1}{n\sqrt{n}}$　　C. $\sum_{n=0}^{\infty}(-1)^{n}$　　D. $\sum_{n=0}^{\infty}1$

3. 设 $z = f(x, y)$ 在 D 上有连续的二阶偏导数，则不成立的是 (　　)

A. z 在 D 上一定存在全微分　　B. z 在 D 上一定连续

C. z 在 D 上一定不存在间断点　　D. z 在 D 上一定有极值

4. 已知二元函数 $z = x^{3}\mathrm{e}^{y}$，则 z 的全微分为 (　　)

A. $\frac{\partial z}{\partial x} = 3x^{2}\mathrm{e}^{y}$　　B. $\mathrm{d}z = 3x^{2}\mathrm{e}^{y}\mathrm{d}x + x^{3}\mathrm{e}^{y}\mathrm{d}y$

C. $\mathrm{d}z = 3x^{2}\mathrm{e}^{y}\mathrm{d}x$　　D. $\partial z = 3x^{2}\mathrm{e}^{y}\partial x + x^{3}\mathrm{e}^{y}\partial y$

5. 已知二元函数 $z = x^{3} - 4y^{2} - 10$，则其驻点为 (　　)

A. $(4, 10)$　　B. $(4, -10)$　　C. $(0, 0)$　　D. $(3, -8)$

三、计算题(本大题共7小题，每小题7分，共49分)

1. 求定积分 $\int_{1}^{5}\frac{1}{1+\sqrt{5-x}}\mathrm{d}x$.

2. 求定积分 $\int_{0}^{\frac{\pi}{2}}x\sin x\mathrm{d}x$.

3. 设函数 $z=x^2\ln(3+2y)$，求 dz.

4. 设 $D=\{(x,y)\mid 0\leqslant x\leqslant 1,0\leqslant y\leqslant 1\}$，求 $\iint\limits_D xy\mathrm{d}x\mathrm{d}y$.

5. 求幂级数 $\sum\limits_{n=1}^{\infty}\frac{x^n}{3^n}$ 的收敛域.

6. 判定级数 $\sum\limits_{n=1}^{\infty}\frac{n+1}{n^3}$ 是否收敛.

7. 设 $D=\{(x,y)\mid x^2+y^2\leqslant 4,x\geqslant 0,y\geqslant 0\}$，求 $\iint\limits_D xy\mathrm{d}x\mathrm{d}y$.

四、解答题(本大题共 3 小题，每小题 7 分，共 21 分)

1. 用间接法将函数 $y=5^x$ 展开成 x 的幂级数，并指出展式成立的区间.

2. 求由曲线 $2y=x^2$，$y=x+4$ 所围成的图形的面积.

3. 花都珠宝城云峰公司生产一种珠宝产品同时在广州和深圳销售，售价分别为 p_1 和 p_2；销售量分别为 Q_1 和 Q_2；需求函数分别为

$$Q_1=24-0.2p_1$$
$$Q_2=10-0.05p_2$$

总成本函数为

$$C=35+40(Q_1+Q_2)$$

试问：云峰公司如何确定珠宝产品在广州和深圳的售价，使得获得的总利润最大？最大利润是多少？

期末测验 B

一、填空题(本大题共 5 小题，每小题 3 分，共 15 分)

1. $\frac{d}{dx}\left(\int_0^{\frac{\pi}{2}}\sin t dt\right)=$ ________________.

2. 定积分 $\int_0^1 \frac{1}{1+x}dx=$ ________________.

3. 幂级数 $\sum_{n=0}^{\infty} x^n$ 的收敛半径 $R=$ ________________.

4. 设二元函数 $z=x^y$，则 $\frac{\partial z}{\partial x}=$ ________________.

5. 定积分 $\int_0^2 \sqrt{4-x^2}dx=$ ________________.

二、单选题(本大题共 5 小题，每小题 3 分，共 15 分)

1. 幂级数 $\sum_{n=0}^{\infty}(-1)^n\frac{x^n}{n}$ 的收敛区间为 (　　)

A. $(-1,1)$　B. $(-1,1]$　C. $[-1,1)$　D. $[-1,1]$

2. 下列级数收敛的是 (　　)

A. $\sum_{n=1}^{\infty}\frac{n}{n^2-3n+5}$　B. $\sum_{n=1}^{\infty}\frac{5}{(n+3)\sqrt{n}}$

C. $\sum_{n=0}^{\infty}(-1)^n$　D. $\sum_{n=0}^{\infty}1$

3. 设 $z=f(x,y)$ 在 D 上有连续的二阶偏导数，则不成立的是 (　　)

A. z 在 D 上一定存在全微分　B. z 在 D 上一定连续

C. z 在 D 上一定不存在间断点　D. z 在 D 上一定有极值

4. 已知二元函数 $z=f(x,y)$ 在点 (x_0,y_0) 处存在极值，则 $z=f(x,y)$ 在点 (x_0,y_0) (　　)

A. 一定有连续的二阶偏导数　B. 全微分一定存在

C. $\frac{\partial f(x_0,y_0)}{\partial x}=0$　D. $\frac{\partial f(x_0,y_0)}{\partial y}\neq 0$

5. 设 $D=\{(x,y)\mid x^2+y^2\leqslant 4, x\geqslant 0, y\geqslant 0\}$，则 $\iint\limits_D 2dxdy$ 的值为 (　　)

A. 4π　B. 3π　C. 2π　D. π

三、计算题（本大题共 7 小题，每小题 7 分，共 49 分）

1. 求定积分 $\int_0^1 \frac{1}{1+\sqrt{x}}\mathrm{d}x$.

2. 求定积分 $\int_0^1 x\mathrm{e}^x\mathrm{d}x$.

3. 设由方程 $x+2y+z-xyz=0$ 的确定隐函数 $z=z(x, y)$，求 dz.

4. 判定常数项级数 $\sum_{n=1}^{\infty}\frac{5^n}{n!}$ 的敛散性.

5. 求幂级数 $\sum_{n=1}^{\infty}\frac{x^n}{n3^n}$ 的收敛域.

6. 设 $D=\{(x,y)\mid y\leqslant x, x\leqslant 1, y\geqslant 0\}$，求 $\iint_D xy\mathrm{d}x\mathrm{d}y$.

7. 设 $D=\{(x,y)\mid x^2+y^2\leqslant x\}$，求 $\iint_D \sqrt{x^2+y^2}\mathrm{d}x\mathrm{d}y$.

四、解答题（本大题共 3 小题，每小题 7 分，共 21 分）

1. 用间接法将函数 $\ln(2+3x+x^2)$ 展开成 x 的幂级数，并指出展式成立的区间.

2. 求由曲线 $y=\sqrt{x}$，$y=x$，$x=2$ 所围成的图形的面积.

3. 2012 年初，花都大宝影视制片有限公司有流动资金 1 亿元，现将流动资金投资两部影片《黑衣人 4》及《变形金刚 4》，若这两部影片上映后票房收益为这两部影片的投资额（单位：亿元）的乘积．请用拉格朗日乘数法求解：花都大宝影视制片有限公司将流动资金如何分配给两部影片才能获得最大收益？

参考答案

习题 5－1

1. $A=\int_0^1 e^x dx$（图略） 2.（略） 3. C 4. C 5. A 6.（略） 7.（略）

8.（1）$\int_0^1 x^2 dx$ 较大；（2）$\int_1^2 e^{x^3} dx$ 较大；（3）$\int_3^4 (\ln x)^3 dx$ 较大

9.（1）$6 \leqslant \int_1^4 (x^2+1)dx \leqslant 51$；（2）$\frac{\pi}{2} \leqslant \int_0^{\frac{\pi}{2}} e^{\sin x} dx \leqslant \frac{\pi}{2}e$

习题 5－2

1. $\sin 2x$，1　2. $-\sqrt{1+x^2}$　3. x　4. $-\frac{3\cos x}{e^y}$　5.（1）$\frac{1}{5}$；（2）-2；（3）1

6. A　7. D　8.（1）12；（2）$\frac{7}{2}$；（3）$\frac{1}{4}$；（4）0；（5）$\frac{271}{6}$；（6）$\frac{\pi}{12}$

9.（1）5；（2）$\frac{1}{2\ln 2}+\frac{2}{3}$

习题 5－3

1.（1）$2(e^2-1)$；（2）$\ln 2$；（3）0；（4）$-\frac{2}{5}$；（5）$e^{\frac{1}{2}}-1$；（6）$\frac{\pi^3}{324}$；

（7）$\frac{1}{6}$；（8）$\frac{3}{2}\ln\frac{5}{2}$；（9）$\frac{22}{3}$；（10）$1-\frac{\pi}{4}$

2.（1）$\frac{\pi}{2}-1$；（2）$1-\frac{2}{e}$；（3）$\frac{1}{4}(e^2+1)$；（4）$2-\frac{2}{e}$；（5）$\frac{\pi}{4}-\frac{\ln 2}{2}$；

（6）$\pi-2$

3. $\frac{1}{2}\left(\frac{1}{e}-1\right)$　4. $\frac{1}{2}$

习题 5－4

1.（1）$\frac{56}{3}$；（2）$\frac{9}{8}$；（3）$\frac{3}{2}-\ln 2$；（4）$\frac{32}{3}$；（5）$\pi-1$；（6）3

2. $\frac{\pi}{2}a$　3. $\frac{\pi}{2}$　4. $(e^2+1)\frac{\pi}{2}$　5. 32π　6. $\frac{12\pi}{5}$，$\frac{124}{5}\pi$

7. $C(x)=10\,000+x^3-7x^2+100x$

8. $w=300$

9.（1）当生产 4 百台时总利润最大；

（2）总利润减少了 0.5 万元

习题5－5

1. A 2. A

3. (1)1； (2)$\frac{\pi}{2}$； (3)1； (4)发散

4. 发散

5. $\frac{\pi}{2}$.

第五章复习题

一、填空题

1. -1 2. $e^{x^2}-1$ 3. $\frac{1}{2e}$

二、选择题

1. B 2. B 3. C

三、计算题

1. $\frac{26}{3}$ 2. $6-3\sqrt{3}$ 3. $\frac{1}{2}$ 4. $4-2\ln 3$ 5. $-\frac{2}{\pi^2}$ 6. $(\sqrt{3}-1)e^{\sqrt{3}}$

7. 2 8. $\frac{1}{4}$

四、应用题

1. 4

2. $V_x=\frac{128}{7}\pi$; $V_y=\frac{64}{5}\pi$

3. $\frac{\pi}{4}$

4. (1)$70t+\frac{25}{2}t^2-\frac{1}{2}t^3$； (2)4 383 件

5. $L(x)=0.3x^2+900x-1\,000$(元)；当 $x=1\,500$ 时，利润最大

习题6－1

1. (1)是； (2)是； (3)是； (4)是； (5)不是； (6)是

2. (1)2 阶； (2)1 阶； (3)1 阶

3. (1)特解； (2)通解； (3)解

4. $y=2-\cos x$

5. $y=\frac{1}{2}x^3+c_1x+c_2$

习题6－2

1. D

2. (1) $y=-\dfrac{1}{x^2+c}$; (2) $y=ce^{x^2}$;

(3) $\dfrac{1}{2}y^2=-\sqrt{1-x^2}+c$ 或 $2\sqrt{1-x^2}+y^2=c$;

(4) $(1+2y)(1+x^2)=c$; (5) $y=c\sin x$;

(6) $(1-e^y)(1+e^x)=c$

3. (1) $y=x-1+ce^{-x}$; (2) $y=e^x+ce^{\frac{x}{2}}$;

(3) $y=\dfrac{1}{2}(x+1)^4+c(x+1)^2$; (4) $y=x(-\cos x+c)$

4. (1) $x^2+y^2=25$; (2) $\cos y=\dfrac{\sqrt{2}}{2}\cos x$

5. (1) $y=4-\dfrac{4}{x}$; (2) $y=\dfrac{2}{3}(4-e^{-3x})$;

(3) $y=\dfrac{x}{\cos x}$

6. $y=xe^{cx+1}$

7. $y=2(e^x-x-1)$

8. $T(t)=T_1+(T_0-T_1)e^{-kt}$

习题6－3

1. (1) $y=\dfrac{1}{12}x^4+c_1x+c_2$; (2) $y=\dfrac{1}{4}e^{2x}+c_1x+c_2$

2. $y=e^x-\dfrac{1}{6}x^3-1$

3. $y=\dfrac{1}{3}c_1(1+2x)^{\frac{3}{2}}+c_2$

4. $y^3=c_1x+c_2$

第六章复习题

一、选择题

1. A 2. D 3. A

二、计算题

1. (1) $\dfrac{y^2}{2}+\dfrac{y^3}{3}=\dfrac{x^2}{2}+\dfrac{x^3}{3}+c$; (2) $1+y^2=c(1-x^2)$

2. $e^y=\dfrac{e^{2x}+1}{2}$ 或 $y=\ln\dfrac{e^{2x}+1}{2}$

3. $y=e^{-\sin x}(x+c)$

4. $y=\frac{1}{6}x^3+\frac{1}{9}\cos 3x+x-\frac{1}{9}$

5. $f(x)=2+ce^{\frac{x^2}{2}}$

期中测验

一、填空题

1. $\cos x$ 2. $\ln 2$ 3. e^{-1} 4. $y=c_1x+c_2$ 5. $y=e^{2x}-1$

二、单选题

1. A 2. B 3. A 4. D 5. B

三、计算题

1. 8 2. -2 3. $\frac{20}{3}$ 4. 18 5. $\frac{\pi^2}{4}$ 6. $y=ce^{\arcsin x}$

7. $y=e^{-x}(x+c)$

四、解答题

1. $\frac{3}{2}-\ln 2$；$\frac{11}{6}\pi$ 2. $y=3-\frac{3}{x}$

习题 7－1

1. C

2. $5\sqrt{2}$，$\sqrt{34}$，$\sqrt{41}$，5

3. 在平面直角坐标系中，$x=a$ 的图形是与 y 轴平行或重合的直线，在空间直角坐标系中，$x=a$ 的图形是与坐标面 yOz 平行或重合的平面．

4. A

5. 以点$(2,\ -1,\ 0)$为球心，半径等于$\sqrt{5}$的球面．

6. $x-2y+z-4=0$

习题 7－2

1. $\frac{\pi^2}{16}-\frac{\pi}{4}+1$，$t^2f(x,\ y)$

2. (1)$D=\{(x,\ y)\mid x\geqslant 0,\ -\infty<y<+\infty\}$；

(2)$D=\{(x,\ y)\mid |x|\leqslant 1,\ |y|\geqslant 1\}$；

(3)$D=\{(x,\ y)\mid x+y-1>0\}$；

(4)$D=\{(x,\ y)\mid xy\geqslant -1\}$；

(5)$D=\{(x,\ y)\mid y-x>0,\ x\geqslant 0,\ x^2+y^2<1\}$

3. (1)$\ln 2$； (2)3； (3)$\frac{1}{2}$； (4)0； (5)e

4. (1)函数 $z=\frac{xy}{x+y}$是初等函数，当 $x+y\neq 0$ 时，函数在其定义区域内是连续的；

当 $x+y=0$ 时，函数没有定义，即在直线 $x+y=0$ 上的一切点都是函数的间断点，也常称这种直线是间断线．

(2) 函数 $f(x, y)$ 是初等函数，当 $x^2+y^2\neq 0$ 时，函数在其定义区域内是连续的；而在点 $(0, 0)$ 处，该函数无定义，故点 $(0, 0)$ 是函数的间断点．

习题 7－3

1. (1) $\frac{\partial z}{\partial x}=2x+2y$，$\frac{\partial z}{\partial y}=2x-3y^2$；

(2) $\frac{\partial z}{\partial x}=\frac{y}{2\sqrt{x}}+\frac{1}{y}$，$\frac{\partial z}{\partial y}=\sqrt{x}-\frac{x}{y^2}$；

(3) $\frac{\partial z}{\partial x}=\frac{1}{2x\sqrt{\ln(xy)}}$，$\frac{\partial z}{\partial y}=\frac{1}{2y\sqrt{\ln(xy)}}$；

(4) $\frac{\partial z}{\partial x}=-\mathrm{e}^{\cos x}\sin x\cdot\sin y$，$\frac{\partial z}{\partial y}=\mathrm{e}^{\cos x}\cdot\cos y$；

(5) $\frac{\partial z}{\partial x}=y^2(1+xy)^{y-1}$；$\frac{\partial z}{\partial y}=(1+xy)^y\left[\ln(1+xy)+\frac{xy}{1+xy}\right]$；

(6) $\frac{\partial r}{\partial x}=\frac{x}{r}$，$\frac{\partial r}{\partial y}=\frac{y}{r}$，$\frac{\partial r}{\partial z}=\frac{z}{r}$；

(7) $\frac{\partial z}{\partial x}=y[\cos(xy)-\sin(2xy)]$，$\frac{\partial z}{\partial y}=x[\cos(xy)-\sin(2xy)]$；

(8) $\frac{\partial z}{\partial x}=-\mathrm{e}^{-x}\sin y$，$\frac{\partial z}{\partial y}=\mathrm{e}^{-x}\cos y$；

(9) $\frac{\partial z}{\partial x}=y^x\ln y$，$\frac{\partial z}{\partial y}=xy^{x-1}$；

(10) $\frac{\partial z}{\partial x}=-\frac{2y}{(x-y)^2}$，$\frac{\partial z}{\partial y}=\frac{2x}{(x-y)^2}$

2. $f_x(1, 1)=\frac{1}{4}$

3. $f_y(0, 1)=2$

4. (1) $\frac{\partial^2 z}{\partial x^2}=4$，$\frac{\partial^2 z}{\partial y^2}=-2$，$\frac{\partial^2 z}{\partial x\partial y}=3$

(2) $\frac{\partial^2 z}{\partial x^2}=\frac{2xy}{(x^2+y^2)^2}$，$\frac{\partial^2 z}{\partial y^2}=-\frac{2xy}{(x^2+y^2)^2}$，$\frac{\partial^2 z}{\partial x\partial y}=\frac{y^2-x^2}{(x^2+y^2)^2}$.

5. (略)

6. $\Delta z=-0.119$，$\mathrm{d}z=-0.125$

7. $\mathrm{d}z\big|_{(0,\pi)}=-\mathrm{d}x$

8. (1) $\mathrm{d}z=\mathrm{e}^{\frac{y}{x}}\left(-\frac{y}{x^2}\mathrm{d}x+\frac{1}{x}\mathrm{d}y\right)$；

(2) $\mathrm{d}z=\left(y+\frac{1}{y}\right)\mathrm{d}x+\left(x-\frac{x}{y^2}\right)\mathrm{d}y$；

(3) $du = yzx^{yz-1}dx + zx^{yz}\ln x dy + yx^{yz}\ln x dz$；

(4) $dz = \dfrac{1}{1 - x^2 + \sqrt{y}}\left(-2xdx + \dfrac{1}{2\sqrt{y}}dy\right)$

9. $(1.04)^{2.02} \approx 1 + 2 \times 0.04 + 0 \times 0.02 = 1.08$

习题 7－4

1. $\dfrac{dz}{dt} = e^t(\cos t - \sin t)$

2. $\left.\dfrac{dz}{dx}\right|_{x=0} = 6$

3. $\dfrac{\partial z}{\partial x} = \dfrac{2x}{y^2}\ln(3x - 2y) + \dfrac{3x^2}{y^2(3x - 2y)}$，$\dfrac{\partial z}{\partial y} = -\dfrac{2x^2}{y^3}\ln(3x - 2y) - \dfrac{2x^2}{y^2(3x - 2y)}$

4. $\dfrac{\partial z}{\partial x} = ye^{xy}f'(e^{xy})$，$\dfrac{\partial z}{\partial y} = xe^{xy}f'(e^{xy})$

5. (1) $\dfrac{\partial u}{\partial x} = 2xf_1' + ye^{xy}f_2'$，$\dfrac{\partial u}{\partial y} = -2yf_1' + xe^{xy}f_2'$；

(2) $\dfrac{\partial u}{\partial x} = \dfrac{1}{y}f_1'$，$\dfrac{\partial u}{\partial y} = -\dfrac{x}{y^2}f_1' + \dfrac{1}{z}f_2'$，$\dfrac{\partial u}{\partial z} = -\dfrac{y}{z^2}f_2'$；

(3) $\dfrac{\partial u}{\partial x} = f_1' + yf_2' + yzf_3'$，$\dfrac{\partial u}{\partial y} = xf_2' + xzf_3'$，$\dfrac{\partial u}{\partial z} = xyf_3'$

6. (略)

7. $\dfrac{dy}{dx} = \dfrac{e^x - y^2}{2xy - \cos y}$

8. $\dfrac{dy}{dx} = \dfrac{x + y}{y - x}$

9. $\dfrac{\partial z}{\partial x} = \dfrac{yz - \sqrt{xyz}}{\sqrt{xyz} - xy}$，$\dfrac{\partial z}{\partial y} = \dfrac{xz - 2\sqrt{xyz}}{\sqrt{xyz} - xy}$

10. (略)

11. $\dfrac{\partial^2 z}{\partial x^2} = \dfrac{2y^2ze^z - 2xy^3z - y^2z^2e^z}{(e^z - xy)^3}$

习题 7－5

1. (1) 极大值：$f(2, -2) = 8$；　(2) 极大值：$f(3, 2) = 36$；

(3) 极小值：$f\left(\dfrac{1}{2}, -1\right) = -\dfrac{e}{2}$；　(4) 极小值：$f(1, 0) = -1$

2. 极大值 $z\left(\dfrac{1}{2}, \dfrac{1}{2}\right) = \dfrac{1}{4}$

3. 该直角三角形为等腰直角三角形，即两腰长为$\dfrac{\sqrt{2}}{2}l$时，周长最大．

4. 当长、宽、高都是$\dfrac{2}{\sqrt{3}}a$时，长方体体积最大．

5. 最大收入额：$R(6,3)=40$(千元)，产生该收入的储存投资为6千克，广告开支为3千元.

6. A，B分别为100，25

习题7－6

1. $2\pi a^2$

2. (1) $\int_0^1 dx\int_0^{x^2} f(x,y)dy$ 或 $\int_0^1 dy\int_{\sqrt{y}}^1 f(x,y)dx$；

(2) $\int_0^4 dx\int_x^{2\sqrt{x}} f(x,y)dy$ 或 $\int_0^4 dy\int_{\frac{y^2}{4}}^y f(x,y)dx$

3. (1) $(e-1)^2$；(2) $\frac{6}{55}$；(3) $\frac{\pi}{4}$；(4) $\frac{1}{2}(1-e^{-1})$

4. (1) $\int_0^1 dy\int_0^y f(x,y)dx$；　(2) $\int_0^4 dx\int_{\frac{x}{2}}^{\sqrt{x}} f(x,y)dy$；　(3) $\int_0^1 dy\int_{2-y}^{1+\sqrt{1+y^2}} f(x,y)dx$；

(4) $\int_0^1 dx\int_x^{2-x} f(x,y)dy$

5. $I=\frac{1}{6}\left(1-\frac{1}{e}\right)$

6. (1) 0；　(2) $\frac{\pi}{16}$；　(3) $\pi\ln2$；　(4) $\frac{4}{9}$(积分区域图略)

第七章复习题

一、填空题

1. $(x-1)^2+(y+2)^2+(z-2)^2=9$

2. $-dx+2dy$

3. $4xyf'+2x^2y^3f''$

4. (1，2)

5. $\int_0^1 dx\int_x^1 f(x,y)dy$

二、选择题

1. C　　2. D　　3. C　　4. B　　5. B

三、计算题

1. $\left.\frac{dy}{dx}\right|_{x=0}=e$

2. $\frac{\partial z}{\partial x}=\frac{yz}{z^2-xy}$，　$\frac{\partial z}{\partial y}=\frac{xz}{z^2-xy}$

3. $10\frac{2}{3}a$

4. $I=2$

四、综合题

1. $dz=\frac{1}{ye^z-z}(xdx-e^z dy)$

2. (略)

3. (1) $\frac{3}{2}-\ln 2$；　(2) $2\ln 2-\frac{3}{4}$

4. $\varphi(x)=(1-x)f(x)$

5. -94.3cm^3

习题 8-1

1. (1) $u_n=\frac{1}{2n+1}$ ($n=0$, 1, 2, …) 或 $u_n=\frac{1}{2n-1}$ ($n=1$, 2, …)；

(2) $u_n=(-1)^{n-1}\frac{n+1}{n}$ ($n=1$, 2, …)；

(3) $u_n=\frac{n}{n^2+1}$ ($n=1$, 2, …)；

(4) $u_n=\frac{x^{n-1}}{(3n-2)(3n+1)}$ ($n=1$, 2, …)

2. (1) 收敛；　(2) 发散

3. (1) 发散；　(2) 发散；　(3) 发散；　(4) 收敛

4. (1) 发散；　(2) 发散；　(3) 收敛；　(4) 发散

5. D

习题 8-2

1. (1) 发散；　(2) 收敛；　(3) 收敛；　(4) 收敛；　(5) 发散；
(6) $a>1$ 时收敛，$a\leqslant 1$ 时发散

2. (1) 发散；　(2) 收敛；　(3) 收敛；　(4) 发散

3. (1) 收敛；　(2) 收敛

4. (1) 发散；　(2) 绝对收敛；　(3) 绝对收敛；　(4) 条件收敛

习题 8-3

1. (1) $R=1$, $(-1, 1)$；　(2) $R=1$, $(-1, 1]$

2. (1) $R=1$, $(-1, 1)$；　(2) $R=+\infty$, $(-\infty, +\infty)$；　(3) $R=2$, $(-2, 2)$；
(4) $R=3$, $[-3, 3)$

3. (1) $[-1, 1]$；　(2) $[-1, 1]$；　(3) $[4, 6)$

4. (1) $\frac{1}{(1-x)^2}$ $(-1<x<1)$；　(2) $\arctan x$ $(-1\leqslant x\leqslant 1)$

习题 8 - 4

1. (1) $e^{-x} = \sum_{n=0}^{\infty}(-1)^n \frac{x^n}{n!}$, $(-\infty, +\infty)$;

(2) $e^{x^2} = \sum_{n=0}^{\infty}\frac{1}{n!}x^{2n}$, $(-\infty, +\infty)$;

(3) $a^x = \sum_{n=0}^{\infty}\frac{(\ln a)^n}{n!}x^n$, $(-\infty, +\infty)$;

(4) $\frac{1}{1+x^2} = \sum_{n=0}^{\infty}(-1)^n x^{2n}$, $(-1, 1)$

2. $\ln(a+x) = \ln a + \sum_{n=1}^{\infty}\frac{(-1)^{n-1}}{n}\frac{x^n}{a^n}$, $(-a, a]$

3. $xe^{x^2} = \sum_{n=0}^{\infty}\frac{x^{2n+1}}{n!}$, $(-\infty, +\infty)$

4. $f(x) = \frac{1}{3}\sum_{n=0}^{\infty}(-1)^n\frac{(x-3)^n}{3^n}$, $(0, 6)$

5. 0. 3090

第八章复习题

一、填空题

1. 必要　充分　　2. $-\frac{x}{2}$　　3. $e^x - 1$　　4. $\sum_{n=0}^{\infty}\frac{1}{3^{n+1}}x^n$, $-3 < x < 3$

5. $\sqrt{2}$

二、选择题

1. B　2. D　3. B　4. C　5. D

三、计算题

1. 收敛　2. 发散　3. 收敛，和 $S = \frac{5}{4}$　4. 收敛　5. 收敛域为 $x = 0$

四、综合题

1. 收敛　　2. 发散　　3. $\frac{1}{(1+x)^2} = \sum_{n=1}^{\infty}(-1)^{n+1}nx^{n-1}$, $|x| < 1$

4. 和函数 $S(x) = \frac{1}{(1-x)^2}$　$(-1 < x < 1)$

5. (略)

期末测验 A

一、填空题

1. 0　　2. ln2　　3. ∞　　4. yx^{y-1}　　5. $\frac{\pi}{4}$

二、单选题

1. D　2. B　3. D　4. B　5. C

三、计算题

1. $2(2-\ln3)$　2. 1　3. $dz=2x\ln(3+2y)dx+\frac{2x^2}{3+2y}dy$　4. $\frac{1}{4}$

5. 收敛半径 $R=3$，收敛域为 $(-3, 3)$　6. 收敛　7. 2

四、解答题

1. $\sum_{n=0}^{\infty}\frac{\ln^n 5}{n!}x^n(-\infty<x<+\infty)$

2. 18

3. 在广州售价 80，在深圳售价 120，其获得的总利润最大，最大利润是 605 .

期末测验 B

一、填空题

1. 0　2. ln2　3. 1　4. yx^{y-1}　5. π

二、单选题

1. B　2. B　3. B　4. C　5. D

三、计算题

1. $2(1-\ln2)$　2. 1　3. $dz=-\frac{1-yz}{1-xy}dx-\frac{2-xz}{1-xy}dy$　4. 收敛

5. 收敛半径 $R=3$，收敛域为 $[-3, 3)$　6. $\frac{1}{8}$　7. $\frac{4}{9}$

四、解答题

1. $\sum_{n=0}^{\infty}\frac{(-1)^n x^{n+1}}{n!}(-\infty<x<+\infty)$　2. $\frac{7}{3}-\frac{4\sqrt{2}}{3}$

3. $x=y=\frac{1}{2}$，即平均分配给两部影片才能获得最大收益 .